低配白
也

狄骧
著

C∩S | 湖南

CONTENTS

CONTENTS

第二章 精进之智：

聪明人的懒惰，是能把事情做得又快又好

第三章　舍得之道：

你能走多远的路，取决于你能看到多远的风景

前言

所有人都向往好的生活，但是大部分人却又不知道自己真正想要的是什么，总觉得大家都想要的生活就是好的。于是大部分人选择过与别人一样，看起来很好的生活。选择了一个别人觉得很好的工作，找了一个别人觉得很好的爱人。然而过了一些年，你回头来看，却是冷暖自知。

走出家门，你必须妥协成别人眼中的自己，回到家里你又必须承担起家人眼中的自己。而当你有空独处，却又已是亲人酣睡，灯火阑珊之时。很长时间以来，你都觉得这就是生活。然而，身体里的躁动不安，却无时无刻不在提醒你，生活远不止于此。你把什么都做好了，你是一个好员工、好老公（老婆）、好儿女、好父母，但唯独没有做好自己。你对什么都勤奋、努力，但是唯独对你自己却总是一再妥协、将就和忍耐。从此你喜欢的事情成为幼稚和不负责任，你向往的生活成为危险……

你不敢想象自己 5 年或者 10 年后的样子，你不想变成一具只有社会身份的躯壳，但是你又无力去改变自己现在的状态。你站在人生的十字路口，感觉命运就要来将你抓走。

当然，任何的选择都意味着先要放弃，然后再去追寻。有人说，只要是你认真选择的，那你就没必要想太多。然而命运的不同就在于这个选择是人发自内心的，还是被逼无奈的结果。

最好的选择也有最坏的可能

基督教徒的结婚誓言是这么说的："无论好坏、富裕或贫穷、疾病还是健康都彼此相爱、珍惜，直到死亡。"其实这段誓言说得很清楚，选择一段婚姻就必须先承担这段婚姻的风险，而不是只选择接受生活中美好的部分。其实选择一种人生跟愿意跟一个人结婚是一样的道理，你选择安逸就必须接受自由的枷锁，你选择拼搏就必须承担流浪的颠簸。

为什么这个世界上那么多人离婚？就是因为他们在选

择的时候并没有去评估选择这段婚姻或者生活所必须承担的枷锁。他们单纯盲目地认为自己的选择是最好的，在这么聪明和理性的选择下，生活一定不会有任何问题。然而他们在一开始就忘记了，最好的选择也有最坏的可能。很多人把选择等同于拥有和获得，认为我选了这个人，就应该获得这种生活；我选择了这种工作，就应该获得这种成果。

人生永远没有一劳永逸的抉择，不管是婚姻、事业抑或是人生。选择的意义只不过是获得方向，而并不是拥有。选择之后，必须经过不断的努力才能获得你想要的。大部分人之所以活得痛苦，并不是选择出了问题，而在于他们根本就没有认清自己真正的需求。

放弃也是一种得到

如果这世界上所有的婚姻都是因为爱情，那这个世界恐怕也不会因此而变得美好；如果这世界上没有离别和放手，那人类也不见得会因此而更加幸福。有一句话叫作"可怜之人必有可恨之处"，这句话特别适用于当下大部分将生活过成烫手的山芋，既没有能力改变又不忍放手的人，当然这种恨也就变成了"怒其不争"的恨。

这类人可恨的地方在于，他们既不愿意大下苦功改变现状，又要整天愁眉苦脸地哀天怨地，同时还要摆出一副被命运坑害的姿态。他们害怕受伤，更害怕未来，他们不知道如果现在放弃，以后该怎么办。

放弃确实意味着失去，但是你是愿意承受一生的泥泞还是暂时的艰难呢？放弃或改变现有的生活不一定会让你得到想要的，但是放弃对生活的探求就意味着你永远都将失去过理想生活的可能。

相对于选择来说，放弃确实要难很多。然而在本质上，放弃就是一种选择。选择并不意味着得到，放弃也不一定意味着失去。放弃现有的生活，就意味着你已经选择了另外的生活，只要身处困境的你能承受住放弃后短暂的坎坷，你必将过得比现在幸福。

认清自己比追求成功更重要

如果你问一个小孩子：你长大了想做什么啊？小孩子们肯定会依照自己的喜好直接准确地告诉你一个答案。而当你问一个成年人，未来你想要做什么的时候，大多数人可能都会在心中犹豫。如果要做自己喜欢的事情，可能短时间内不能赚钱，甚至还会降低自己的生活标准；如果要做维持生计的工作吧，自己可能又觉得不甘心。你的担忧和不甘心，都有道理。可是如果你还不到 30 岁，也没有什么必须承担的生活负担，你为什么不让自己的不甘心去 PK（对决）掉你的担忧呢？

首先，你不需要用别人的标准和期待来要求自己。你不能让作家与商人来比赚钱，想清楚你想做什么样的人，不要活在别人的评价里。每个人都有自己的人生，一个穷小子只需要过上中产的生活他的人生就可以算成功，而对于王思聪来说，就算一年赚了 10 个亿，在有些人眼里他也很普通。

其次，找到自己的方向，做自己喜欢而擅长的事情。这世界上有很多事情不是通过努力就能够做到的，每个人都有自己的天赋。如果用自己的劣势去 PK 别人的优势，你永远都无法获得成功。不需要害怕在职业生涯的初期走一点弯路，如果你一开始不知道自己喜欢什么，那至少你可以确定自己不喜欢什么。

再次，在一个领域内成为前 10% 的人。人不一定能把工作变成爱好，但一定可以把爱好变成工作。而且，只要你愿意努力你就能把你所爱好的事变成你的特长。其实世界上大部分人在工作中都是为了混生活，只有极少数人是热爱工作的。如果你对自己做的事情有一份热爱和激情，你从一开始就比大多数人要有优势。

最后，建立自己的第三空间。一个人内心需要有三个空间：第一是社交空间，这是工作和事业的空间，在这个空间里你要打扮成社交形象，实现自我的社会价值；第二是生活空间，家人和朋友是这个空间里的主要组成部分，在这个空间里人可以获得幸福、快乐等情感价值；第三个空间是心灵空间，这里是精神生活的空间，人在抉择、情绪、信仰、命运等不为外人道的个体生命的独处中，获得存在的价值。

只有在三重空间里认清自己，内外兼修，人的一生才算是找到了真正的立足点。如果在生命还没有立足的时候就来妄谈理想和成功，那人生就会像漂浮在水面上的竹筏，漂浮不定，随波逐流。

对于将要为人生做决定的年轻人来说，人生的路才刚刚开始。对于有些人来说，高配的生活起点，也有可能滑落到低配的人生轨道；而对另外一部分人来说，低配的人生起点，一定会帮助他走向更高的人生道路。因为你不可能比一无所有还要落魄，你多往前走一步，就离想要的人生多近一分。

而对于那些走在人生歧路上的人来说，放弃在任何时候都是一种获得，因为你丢掉的是人生的负资产。不要因为物质上的短暂困难，而选择一生都畏缩在心灵的阴霾中。人生只有一次，除了高级跑车、高档别墅之外，世界还有太多风景等你去领略。

就如同选车一样，只要清楚自己的需求和目的地，车只不过是一个工具。低配的车一样可以载你到你想要去的地方，帮你过上理想的生活。而那些只会为高配车所体现出来的高级和奢华而感到兴奋和喜悦的人，他们的人生其实才是真正的低配，即使开着高配的车，也不过在过着浮躁而虚无的人生。

增订版序

在本书增订版上市前，我去东南亚的某个小岛度假，这是我第六次去那里避寒兼旅游。有意思的是，这六次旅游的当地导游虽不同，他们却都有同样的感慨。

他们都说，几十年过去了，在这个小岛里，会赚钱，能够聚集财富的永远都是华裔人士；相对的，那些原住民，即使有在工作，还是一贫如洗。

原因在哪里？

他们的答案都一样：原住民太懒散，永远不会去想明天以后的事。

我这次去度假，带领我的导游除了有这样的感慨外，还说了一个真实案例。

他说，有一个原住民，在一位华裔老板家当长工，做了十多年之久，却在过年前的一个晚上，不经意间看见老板娘从外收了 2000 美元的货款回来，锁在衣柜里。

据新闻报道，当时那个原住民看见同伴买了新车和手机，心里痒痒的也想跟进，于是就趁老板一家人半夜熟睡时，拿刀杀了老板和他的妻女共五人，抢走了 2000 美元，再放了一把火烧掉了老板家。这个案子震惊华人圈，当地政府立刻出动大批军警抓人，凶手没多久就被判死刑。

当时，我们被困在车阵中，这个导游频频地皱眉叹气后接着说道："区区 2000 美元，实在不算多，那个原住民，永远只能看到眼前，想到什么就做什么，说难听点，比狗还不如，完全没有人性，更不用说十几年来老板对他照顾有加的恩情，更何况，老板的三个女儿也和他感情不错，就像一家人，但他仍能狠心下手，他难道想不到，就算抢到钱，结果还不是被判死刑？"

后来，假期结束去机场的路上，我对导游说："其实，只想今天的需求，不去想明天，甚至一个月或一年后的人，不仅在这个小岛上，在台北有不少年轻人也是如此。"

导游听了大吃一惊，说：“我遇到来这里旅游的台北年轻人，都很上进也很有远见，应该不会吧！”

我笑着说：“有能力来度假的，当然不会是这种人。我也不是说，所有台北的年轻人都是如此。而是台北的贫富差距之所以会越来越大就是有一些每个月到月底都只能吃泡面，或是找不到工作到处骗吃骗喝，或是伸手向父母要钱，每天却只是打游戏闲晃的年轻人。他们的脑袋也一直在退化，几乎和这小岛上的原住民一样，只想今天不管明天，差别只在于他们不会为了 2000 美元而去杀人，因为他们连去抢，或是去靠自己挣得 2000 美元的动力都没有。”

老实说，这种不想改变自己的习性，远比贫穷还可怕。

本书第一次上市距今，国际政治经济局势远比前几年更加戏剧化和可怕，可想而知，贫富差距将越来越大，不敢去想明天的人也将越来越多。

然而，我想告诉读者的是，不管经济局势多么严峻，能脱困翻身，让财富持续增加的大有人在。

相对的，负债越来越多、薪水越来越少的人，也不在少数。

这二者的差别，关键就在于习性。

拥有富人习性的人，即使景气再差，但长时间累计下来的资产和运用资本获取利润或避免风险的习性，就等于拥有了一台无形的印钞机。

相反的，一辈子摆脱不掉穷酸习性的人，景气越差压力越大，就又不自觉地去买醉或花钱麻痹自己来逃避现实，结果债务更大，他们就要花更多的钱去逃避压力，这种习性就等于他们身上背了一个万年债主，让他们的负债越来越多，永世不得翻身。

老实说，这几年我观察到的，这种穷者越穷的现象是越来越多。

因此，我想把这几年的观察和体悟，增加到本书中，同时也针对本书部分内容做修润，再一次提醒有缘人，成功不是天生的，平庸也不是命定的，只要能看清一切是"习性"在作怪，只要愿意改变，每个人都有机会脱贫翻身，成为拥有财富自由的人。

狄骧　于台北

2016 年 3 月 16 日

作者序

我有个企业家朋友，最近他的豪宅里，来了一个中年男性佣人，年纪和他一样，生日竟然也是同一天。有次，企业家听到他和其他佣人在聊股市，想不到他也能说出一些经验和理论，并对当前投资环境做出分析和建议。

因此，企业家就把家中的一些采购和维修外包给他，让他去和厂商洽谈议价及负责品质管理。然而，经过几件事的测试后，企业家终于了解为何他只能当劳力阶级的佣人。

原来，佣人常看到企业家换一组新沙发，就花了近百万元，换一张床也要几十万。而且，生活用品包括室内拖鞋和睡衣，动辄几千元，甚至到万元都有，这让他对有钱人的消费模式大开眼界。

因此，他利用采购日用品和耗材的机会，开始向厂商收取回扣。

此外，他在负责更新淋浴设备和暖房设施时，又矫情地指示厂商使用最便宜的零件和材料，然后再向企业家邀功，表明自己为企业家省了不少钱。

结果，企业家一家人在使用淋浴设备时，莲蓬头因品质不稳，水流开始忽大忽小，没多久就出现故障不能用，暖房设备也跟着出问题。

他被企业家骂一顿后，只好又花一笔钱，找人把设备拆掉，再找高档的厂商来安装，当然，他又从中赚取了差价。

企业家心中有数，指示会计查了相关账目和凭证，才知他使出两手策略，从中贪了不少回扣。

此外，企业家也从司机口中得知，这个中年佣人私下和同事聊天时，不经意说出有钱人钱太多，花钱眼都不眨，与其让别人坑，不如自己来削一点皮等论调。企业家百思不解他为何如此做？明明他也知道企业家是在测试他，为何还要贪眼前这点小回扣，而断送被提拔的机会。

后来，企业家忍不住好奇，在解雇他前找他来问："为何你眼光如此短浅，只贪眼前利？为何不顾及雇主的感受？也不怕丢了工作？"

中年佣人满脸羞愧，支吾了半天，才挤出一句：

"这都是习惯问题，看着眼前有块肥肉，不吃就浑身不对劲。只有钞票握在手上，才是最可靠的，没有什么事比存款更重要……"

这时，企业家淡淡地叹了一口气，对自己说："是啊！尽管有经验懂理论，聪明才智也不差，但就是败在'习性'二字上啊！"

后来，企业家找人去查中年佣人的上一份工作，发现他也是因为贪小利而被解雇。

这件事给我很大的启示，因为长年下来，我也一直在观察，为何有钱人不论破产几次，最终还是成为有钱人。

相对的，很多人在贵人来临或翻身时机到来时，却一次次地视而不见或躲得远远的，不论他们如何绞尽脑汁贪财省钱,银行存款再多,最终还是无法成为一个真正的富人。

我也听到很多中小企业的业主跟我抱怨,说那些刚毕业的社会新人,为何一个个都只顾眼前的利益,身上也散发着穷酸气味,即使相隔几公尺远,甚至他们一进门,那种味道就能闻到。

其实,只要他们所选的工作有发展性,刚进公司时,即使薪水只有"22K"(K代指一千)甚至更低,那又何妨?

因为真正能让他们在社会立足的不是那份死薪水,而是从工作中学习到或累积起来的技能和Know How(技术诀窍),只要他们的能力够强,对公司贡献度够高,老板自然会用更高的薪水来肯定他们的能力。

然而,现在有许多年轻人来面试,都不问工作内容或前景,却只关心福利和薪水多寡。我记得有一次我在面试新人时,尽管对方也承认自己什么都不会,也愿意参加公司的培训,然而却在薪资上为了一千元的差距,和我争执了半天。

最后,虽然他同意这个薪资是公司政策,因人资主管也无法改变而暂时妥协，但我已经心凉了一半，直接在他的面试表上注记：不录取。

人之所以会有穷富贵贱之别，其实关键是在习性，而不是祖先风水或八字好不好，更不是取决于你的爸爸是谁，或有没有娶到富可敌国的千金小姐。

如果你仍迷信于穷富贵贱由八字决定，那么，为何企业家和佣人都有相同或很接近的八字，财力和身份地位却差这么多呢？

说难听一点，如果你整个人都散发着"穷酸"的习气，无论你祖先或老爸多有钱，你也称不上是富人或有钱人，顶多是拥有很多钞票且身上散发着铜臭味的暴发户罢了。

毕竟，做人可以没钱，但不能穷酸一生。

总之，习性才是决定你是成功或平庸的关键点。

这是我透过本书想告诉大家的"真相"。

所幸，习性是可以通过后天学习的。那些白手起家，出身贫寒的企业大老板或专家达人，他们身上都有着成功人士的思维和习性。同样的，也是这些发自内在的习性气质和人格特质，才让他们得以跻身精英的行列。

因此，如果你也不甘心一辈子都要看人脸色，领着不停贬值的死薪水，在都会丛林的夹缝中苟活，不妨从看完这本书开始，试着改变自己，摆脱自己身上的贫庸观念，改变自己看钱、用钱和花钱的习性，假以时日，你身上全新的思维模式，会帮助你渡到成功的彼岸，从此开始全新的人生。

第一章

能断之勇：

懂得把时间
"投资"在正确的地方

　　并不是努力地把握住每一分钟你就能实现财务上的自由，当你知道自己要"做什么"的时候更要懂得"怎么做"。你的时间弥足珍贵，所以，学会把时间"投资"在正确的地方是每个人都要经历的必修课。

风险：做好风险管理，用心对待你的每一分钱

常听人家说："富贵险中求。"

其实这不过是有心机的商人，或者赌场和投资顾问公司为了误导笨蛋和掏出消费者口袋里的钱，所发明的口号或咒语罢了。

当然了，这句似是而非的谎言，也只有笨蛋才会相信。

事实上，富人当然也追求富贵，但他们能很清醒地看清一个事实：富贵无法强求，富贵是在他们掌控风险之后，自己送上来的羽毛。

因此，富人绝不相信那些专骗笨蛋的理财广告词和名师秘笈，他们只相信自己的理性判断力和专业能力。

然而，不幸的是，我在很多人身上看见这句咒语，它早已根深蒂固地植入在他们那个仍然使用旧版本作业系统的脑袋里。

我有个朋友，进出股市近二十年，然而他一直用普通人的思维，满脑子只想投机致富，每天泡在股市和一堆穷脑袋的股友中，靠着小道消息，不停地进出股市。结果，不到几年，家里的三栋房子全都被变卖，所得屋款全都投入股市，然而，这么多钱下去之后，连个泡泡也没冒出来。

我问他："为何敢如此大胆地投入这么多血汗钱和祖产，难道不怕血本无归吗？应该有设停损点和风险管理吧？"

想不到，他很潇洒地回了我一句："你没听过'富贵险中求'吗？"

接着，他一直抱怨自己八字不好，运气也不好，否则早就是亿万富翁了。

然而，玩过股票的都知道，散户的八字再怎么好，祖先再如何庇佑，始终不是大户或主力的对手，因为人家玩的是操作，不是靠运气，而大部分散户却只会去庙里拜拜或找神棍求明牌，谁是鸡蛋，谁是石头，高下立判。

不幸的是，直到现在，我这个朋友还摆脱不掉这种"碰运气"的习性和信仰，身无分文的他，晚上到大楼当管理员，白天就泡在证券公司看盘，尽管没钱翻本，每天看盘他也高兴。

我的另一个朋友，好不容易靠着每天加班，存了一点钱，就开始听朋友胡说八道乱投资，不然就是到夜店去认识一堆骗徒，这些人刚开始要他投资餐厅，隔天又要他投资医美诊所，结果这些钱都一去不回。

同样的，我也问他："为何不事先做点功课，再把钱投入？"

他也回答："富贵险中求，没有风险，就没有获利。"

据说，许多艺人和明星，也是用这种思维和信仰，大把大把地花钱投资，下场当然是肉包子打狗，有去无回。

只是，这些人在面对自己的错误决策时，总会把责任推给运气和八字不好，从来不会去反省自己做决策时，到底是根据什么科学数据或理论依据呢；或者，只是为了展现自己有气魄，不要让人看不起，才花大钱去买面子？

同样是追求富贵，富人看到或认知到的，以及做决策的思维和习性，就完全和一般人不一样。

首先，在富人的习性中，他们绝不会为了面子或虚荣心，而贸然做出投入资金的决策。

他们知道，钱这种东西，是资源有限的作战武器，亏一个子就少一个子，没有讨还价值的空间。

因此，他们在决策前，必然投入相当心力去做功课。

我常听到一些成功的金主在聊天时所说的一句话："不熟不做，除非我自己能掌控所有变数和风险，否则，即使签了几百页的合约，也只是纸上游戏。"

有位上市公司老板，经常招待公司里的中级及基层主管到家里来做客吃饭。这些中下级主管目睹老板亿万豪宅里的奢华布置，个个目瞪口呆。

有一次，老板和基层主管吃饭，秘书拿平板电脑过来，提示老板有急事，要尽快做决策。只见老板在平板上点了几下，秘书就笑着离开。

主管们好奇地问老板："发生了什么事？"老板笑着说："今天晚上我做东请大家到五星饭店吃饭，因为刚刚才几分钟的时间，我在股市又赚了两百万。"

基层主管们听了，个个赞叹不已，心想才几分钟就赚两百万，他们一年的年薪都不到一百万，果然老板就是和他们不一样。

然后，在场的几位主管回家后，也开始心痒痒地把积蓄全部投入股市，去买和老板同样的股票，也想效法老板，尝尝几分钟就能赚几十万的快感。

结果可想而知，他们的钱第二天就一直住套房（住套房：股市用语，形容股票被套牢，动弹不得）。

过几天，几位基层主管私下问老板的秘书，为何他们买同样的股票，却赔得那么惨？

秘书听了，笑得直不起身子，叹口气对他们说："老板不是几分钟就赚了两百万，而是花了几分钟卖出股票获利了结。事实上，老板布局这支股票，已经布了快三个月，才能获利两百万，你们不懂股票，只学表面功夫就进场下注，你们真是大胆啊！"

这就是贫庸的习性，只相信自己眼睛看到的，却没想到，人家台上一分钟的成功，是台下十年功磨出来的。为什么世界上有平庸和成功之分，差别就在他们对付人性弱点的策略不同。

"谋定而后动"，这话说起来人人都懂，但"懂"只是头脑知道，内心和全身细胞却不懂其中真意。例如，每当国际利空消息突袭，股汇跌到十八层地狱，这时候叫你看准时机逢低进场，你敢吗？

但是有钱人的有钱，往往就是敢人弃我取，而且是身心一致地执行。

我的几位朋友常说，每当股票跌破停损点，他们的手竟然自动把股票卖掉，等隔日回过神，才发现自己已经出场。

老实说，我也曾一直用大众的思维去思考问题。

因为，头脑知道是一回事，你内心是否真的已经看清形势，能够克服恐惧誓死如归地进场，又是另一回事。

我也曾被人性弱点绑架，下意识地杀低追高，等绑匪离开，我发现又亏了一堆钱。相同的，我也曾和上述那些朋友一样，看到某些商品被急杀，就赌性坚强地用手去接下堕刀子（堕刀子：股市用词，形容受到很大损失），这时，我内心不停地告诉自己：富贵险中求。

可想而知，下场同样是惨赔出局。

我的另一位朋友，号称是股神第二，同样是低接，他却能很冷静地等到股票止跌打出底，开始上攻时才进场。因为，他的经验告诉他，富贵不是险中求来的。然而，上帝对世人都是公平的。人类的习性和思维模式，都可以经过学习而被改造。

当我因"富贵险中求"赔了一堆钱后，我每天写日记，记下今天又因恐惧和贪婪所犯的错，又赔了多少钱，每天反省，慢慢地，我把那个一直绑架我的人性弱点，从即时行动模式改成警示危机模式，每天不停地输写这个脑中的回路，不到几个月，就形成了让我不赔钱和稳定获利的模式。

后来，这个模式成为我的习性，我几乎很少再次重演追高杀低求富贵的愚蠢行为。或许你跟我一样，身上有一万八千种不良的习性要被改造，然而，只要有悟性和决心，终有一天，你可以洗掉身上的穷酸气，脱胎换骨，拥有富人的习气。

至少从现在开始，你可以丢掉"富贵险中求"这个普通人的信仰，开始对自己洗脑，用心对待你的每一分钱，做好风险管理。

相信我，谋定而后动，就能取代富贵险中求，成就你的富人之梦。

欲望：你存钱越多，损失就越大

"什么都涨，就只有薪水没涨。"这句话不仅说出市井小民无奈的心声，更说明了"钱本身的价值正在逐渐消失"的事实。

当你还傻傻地为了守住财富，而用手紧紧抓着钞票不放时，你不知道的是，其实你的财富正在悄悄地从你指缝中流失，只是你没有感觉到而已。

很多朋友告诉我，当他们手中握着钞票时，心里就会觉得很安心。然而，在富人眼里，钱的价值时刻都在波动，不但像天气一样多变，而且只会越变越糟。在钞票不断"氧化"的过程中，不断执着于自己现在拥有多少钱，只会让你忘记，随着时钟一分一秒地转动，外面物价也会随之不断提高。

不幸的是，你慢慢存钱的速度，让你连通货膨胀的车尾灯都看不到，而且即使你累积再多的钱，也并不代表你的身价会因此变高。

零或负利率时代，你存钱越多，你的损失就越大

如果你已经知道钱的价值会随着时间流失，那最笨的人就是把自己的身家财产全部存在银行里。

如果目前的银行活期储蓄利率只有 0.2%，你把 10 万元存在银行里，一年后，你只能额外拿到 200 元，而且，这还是在没有算入时间价值之前的获利。

我认识很多年轻的上班族，月领三四万，但是毫无理财概念，只会紧紧抱着赚来的钱不肯松手，不是只求当个不负债的月光族，就是消极地将薪水存在银行里，每天在睡前看着存款簿上微薄的利息就觉得安心。

其实这样的低利率，再加上通货膨胀的速度，只会让你的财产不增反减，也就是说，你存在银行里的 10 万元，在一年后，它的价值会变得不如 10 万元。

所以，如果富人有 10 万元，他不会干这种傻事，他会想办法把这 10 万变成 11 万甚至更多。

我有个朋友，原本是月薪数十万的保险员，但是在一次和公司的合约纠纷中，不但失去现有的工作，还欠下 700 多万的债务。

在穷困潦倒之际，全靠他老婆做家庭代工，每个月领取 1 万多元的微薄薪水度日，有时候还要靠着吃野菜、捡宝特瓶（矿泉水瓶）换取零钱过活。

后来为了小孩的教育费，不得已向朋友借钱。在借钱的过程中，他受尽羞辱，因而让他下定决心自己创业，因为只有发了财，才不用再看人家脸色。

他拿着身上仅剩的 700 元，买了卤味用的调味料，用来熬煮一些卤味，再开着家里的破旧小货车到市场叫卖，靠着这样薄利的小生意，从第一天赚 300 元、第二天赚 500 元慢慢发展到日收入三五千元。

接着他开始研发特别食材，并且广设分店，最后年营业收入破千万。这样成功创业案例背后的本金，竟然只有700元。

700元的价值有多大？

在这里我们没有办法下定论，因为是使用者造就钱的价值，而不是央行或商人。也就是说，同样一笔钱，会因为使用方式的不同，让这笔钱背后的价值完全不一样。

切记，当CPI（消费者物价指数）不断升高的同时，你手上的钱就会越变越薄，这是不可逆的事实。

很多人害怕投资风险，所以不敢贸然投资，不愿承担失败，但是在金钱环境的剧变之下，你拥有的现金，远远比房地产、基金、股票、人脉等财富来得没有价值。

其实，就算你是去向银行借钱，只要最后的获利超过借贷本金，就是赚钱。

假设你向银行借了100万，一年后你必须连本带利地归还银行105万，但如果你以这100万为本金创业，赚了

200万，那就代表你还是赚了95万。要是你因为没有钱，就打消了创业或是投资的念头，这样消极的想法只会让你永远无法实现自己的梦想。

这些你抓在手中的钞票，对富人来说根本就不屑一顾，而这些钱只要没有投入市场，让它随着市场价格波动，它就会在你手中变得越来越薄、越来越没有价值。

而投资要仔细评估风险后再行动，投资首重"资产配置"，其中包括对的资产比例、放在对的市场，还有在对的时间投入基金。

以股票来说，市井小民在买股票，通常都是买一个获利的梦想，但是对于这样的短期投资，股市名师吕宗耀表示，投资股票应该要有整体观，你要设的除了"停损点"之外，还要多设一项"停涨点"。

当你把攒了大半辈子的辛苦钱投入市场，要在所设的停损点出场很难，因为当股价下跌，你们舍不得撒手退场，总想再做最后的困兽之斗；但是，要在停涨点见好就收，更难，因为看着白花花的银子涌进来，你却要伸手将它拒绝在门外，这简直比实际的亏损还要难受。

　　然而，若你没有外资、法人的财力与独到的眼光，那你就必须为这样的投资设期限。因为如果你紧抓着眼前的利益不肯洒脱放手，这样的蝇头小利让你尝到一时的甜头，却让你离成功越来越远。

　　总之，做人只顾眼前利益，是没有办法成就伟大格局的。

　　富人不但清楚金钱的游戏规则，他们更知道市场利率起起伏伏，股市可能被套牢，房地产会下跌……这些动荡和起伏，真正根源是来自集体投资人的"心理游戏"。

　　所以他们会在事前做好功课，摸清众人的恐惧点和贪婪点，尽量避免风险，而且想办法在最安全的范围内获取最大利益。

　　钞票会氧化，说穿了也是人心集体作用的结果。想赚钱，想避免钱生锈变少，就用心去听它正在氧化的声音，你听不到，这也说明你和富人的世界，隔着一道看不见的玻璃，你才会如此眼盲耳聋，任人宰割。

小贴士

CPI（消费者物价指数）

CPI（Consumer Price Index）是一种通过时间变动所产生的物价变动，也是衡量通货膨胀的重要指标之一。若CPI 过大，就代表这个国家的经济前景较为不明朗。

台湾地区通过家庭的收支来衡量 CPI 指数，通过调查反映民众的消费状况，可用来作为市场经济活动，或是政府货币政策的参考标准。例如当 CPI 超过 3% 即为通货膨胀；而 CPI 也是计算"核心价值变动率"的主要依据，当核心物价变动率低于 3% 时，代表经济处在一个较令人担忧的时刻。

CPI 上升 2%，代表我们的生活成本要比一年前增加2%，金钱的价值并不会随着 CPI 升高也一并升高，你口袋里的钞票会因为 CPI 的提升而越变越薄。由于 CPI 涵盖了衣、食、住、行、娱乐、医疗保健和其他等七大类支出，所以 CPI 也能反映居民消费形态的变化。

眼界：事情到最后，都要看做人

或许你无法想象，那些会忽略风险而陷入危机的人，80%以上都不是新手，而是商场或资本市场上的老手。

例如，转做高档日本团的天喜旅行社，老板很早就出道，却在身价 40 亿的人生高峰时做错决策，没有做好风险控管，把所有资金都压在房地产，最后房市下跌导致他破产，还背了好几亿的负债，沦落到在市场上卖麻油鸡。

同样的，我认识的许多资深操盘手，尽管功夫老练、经验丰富，但他们总是会在某个时间点，突患失心疯，交易字典里突然没有"风险"二字，筹码越押越大，结果惨赔收场，人也彻底崩溃，好几年都不敢碰股票。

不瞒大家，我也曾经如此，不但赔了钱，还差点变成忧郁症患者。

很多人以为，只要精通金融交易，活在这个圈子的实战经验够多，早晚都会成为富可敌国的有钱人。

然而，事实却是，在金融和资本市场的高手中，99%都是领薪水或负债累累的普通上班族，只有1%的高手，可以晋升为亿万富翁。

为什么呢？

答案就在"习性"这两个字。

老实说，跳入资本市场或商场做交易，简直就跟你脱光光，跳入养满食人鱼的水池内，任务是不被咬伤，又要捞几只食人鱼上来一样困难。

尽管我们受过多年的训练，在交易技巧和判断走势上都很快速精准，但是，只要在纪律和风控上没有养成好习惯，加上一时的自大和贪婪，忘了自己是没有穿钢铁衣的肉身，又想多捞几只食人鱼时，等待我们的就只有被鱼群吃到只剩骨头。

所以说，终究是良好的习性，才能让你成为真正的富人。

再者，富人的良好习性中，"风险"二字最重要。因为，没有风险意识，没有严格遵守避险 SOP（标准操作程序），可想而知，连命都没有了，你捞再多也只是白搭。

相对的，成功的人对于风险特别敏感。因为他们知道，风险永远像小偷一样，总是无声无息地摸到你身边，让你无法察觉，也无法抵抗，趁你还在最佳状况时，狠狠地给你一枪。

为什么我们这些受过训练，甚至像我还特别闭关练功过的，还会遭风险的毒手？而且是听不见、看不到它的接近？

那是因为，我们忘了不能把情绪带进交易。不然，内心的两个魔鬼就会出现，它们干扰和占据我们的理智，让我们听不见、看不到风险的接近。

这两个心魔就是"贪心"和"不甘心"。

因为贪心，心想大涨信号出现，可以趁机大捞一笔，完全忘了交易计划和策略，就大胆地乱加筹码重押。结果，往往是不重押时，股价确实是大涨的。但很玄的是，每次重押后就会给我们一记回马枪，让我们中枪落马。

　　也因此，第二个心魔：不甘心，又敲锣打鼓地冲出来，让我们更听不见风险的声音。于是，我们的不甘心，又抓着我们的手押更多，想一次回本加获利。不幸的是，股价又朝反方向走，眼看大势已去，我们才认赔下台。

　　其实，风险的可怕，不只是在股票或期货上，在商场、职场和赌场上也是一样。如果没有养成守纪律的习性，赔钱是小，严重的会让人身心崩溃，变成精神病患。或许大家都不知道，忽视风险所造成的危机，往往不只是财务上的，当事人的悔恨、自责和沮丧，有可能就此毁掉一条生命。

　　所以说，风险本来就无所不在，它的到来也不是没有声音，而是我们的心被贪婪和不甘心蒙住了，这样才会听不见看不到。

　　我说过，精通交易，经验丰富，不等于就是能够成功的条件。

　　只有确实把风险作为交易和投资中的第一考量，在捞到食人鱼前，先想好如何安然出水，回到岸边，把这个动作变成自动执行的习性，你才有可能在资本市场中活得久，如此才有机会变成卓越的人。

态度：你不喜欢功利，只是因为你从不努力

对多数人而言，"爱钱"是个贬义词，"铜臭味"则是势利者的标签。

人们会用"浑身散发铜臭"来讽刺那些唯利是图、庸俗的有钱人，暗指他们的行径"像铜钱一样臭不可闻"。

但是现在你可能要改变想法了，美国微软公司的一位副总裁麦卡锡，自费研发了一款"铜臭香水"，并将这款香水命名为"钱（Money）"，号称擦了之后让你闻起来就像有钱人，而且更有自信。

既然钱能让我们变得有自信，为何我们要厌恶它？甚

至似乎不那么做就是罪恶的，会为千夫所指。

事实上，人打出生起就无法离开钱，一举一动都和钱息息相关，钱是我们在物质面上不可或缺的伴侣。

孔子也说过："君子爱财，取之有道。"只要爱钱爱得有理，没有什么不对的。

富人大方投机，胜过矫情穷酸

过去钱滚钱被视为卑劣的"金钱游戏"，其行为和赌徒差不多。事实上，我们得承认"用钱滚钱"的做法确实带有投机的成分。

对《一个投机者的告白》作者安德列·科斯托兰尼（André Kostolany）而言，货币经济就像空气一样重要。科斯托兰尼毫不讳言地承认，"我们是投机人士，始终如一！"并以身为优雅的投机客而自豪。

弗洛伊德（Sigmund Freud）曾站在心理学的角度说："知识分子看待金钱问题的方式，会跟他们对待性的议题一样表里不一、过度拘谨和虚伪。"

举个例子，假设桌上有两块蛋糕，一大一小，你会选大的还是小的？相信不用经过思考，你也会选择大的；要是回答选小的，那就有点矫情了。因为选择大的符合人类真实的天性，谁都希望自己过得更好，不是吗？

只要是正常人，都会有想过好日子的欲望，甚至会想让身边的人也过上好日子，这本来就是无可厚非的。

这种欲望同时带有破坏性和建设性。倘若人类没有物质欲望，就不会出现以物易物的交易形式，进而发展出完整的经济体系，很可能到了今天还过着茹毛饮血的原始生活。

钱的本质是单纯的"交易媒介"，是我们擅自赋予它的意义，扩大了对金钱的阐释，使得它像放大镜一样扩大和暴露了人性。

说爱钱不道德的"卫道人士"，他们的动机多半出于嫉妒和盗名的矫情，而不是其口中的"道德"。

我以前有个同学，他家境优渥，向来出手阔绰，身边总是不乏酒肉朋友。

　　对于他处处撒钱"搏感情"的行为，这些所谓的"朋友"常在背后议论他，认为他能力一般、言语无味，人缘好只是因为会拿钱"收买"人心，还私下给他起了个"阔少"的绰号。

　　说虽然是这么说，但这些人礼物照拿、东西照用，吃喝玩乐都不会忘记带上他，因为这样一来就不愁没人付账了。

　　然而，他们的行为符合道德标准吗？

　　任谁都看得出来，虚伪和嫉妒的成分大多了。

　　老实说，有这样表里不一、矫情想法的人，应该拜读犹太人的致富经典《塔木德》。书中有句话说得很对："并不一定贫穷的人什么都对，而富有的人什么都不对。"

　　对许多人而言，"金钱"是一个符号、一个图腾，象征着地位和权力。他们追逐金钱，认为钱可以带来朋友、建立威信和自尊，具有无上的力量。但是当他们渐渐变得被金钱所挟持时，他们就开始将自己的脱序行为怪罪给金钱了，完全忽略了自己才是罪魁祸首这件事。

前阵子友人在父亲资助下买了新房，邀请大家前往参观。在这房价居高不下的时间点，能买房是了不得的事，哪怕是栋靠近郊区的房子。

然而大家你一言我一语，说的都是该友人"含金汤匙出生""靠爸族"之类的言论；也有人说房子地段不好、价钱买高了，语气中充斥着满满的"酸葡萄"味道。

这不禁让我想起，小时候同学里如果有人穿了新鞋，大家要轮流踩新鞋三下的习惯。当时不解这么做的意义，现在解释起来，这多半是为了防止"酸葡萄心理"作祟而打的预防针。

事实上这位朋友除了买了栋遮风挡雨的房子，让自己和家人过得更好之外，什么坏事也没做，却平白遭到他人的非议。

金钱仿佛有种让人中毒的魔力，引诱我们变得自私，但其实说穿了，这些都是我们自己主导的，金钱只是中立的道具罢了。

钱带来的祝福，与道德无关

《塔木德》有句名言："钱不是罪恶，也不是诅咒，它是给予人们的一种祝福。"

世界上最会赚钱的犹太人认为，"赚钱"是种高贵的美德，能为自己和家人带来幸福。不仅如此，对赚钱的渴望会激发个人的创造性和冒险精神，带来正面的能量。宏观来看，金钱带来的是安定、富足的正面力量。

"货币经济是市场经济的一个重要元素，最终会成为一种秩序，包含了高级生命的自由。"德国央行前总裁卡尔·奥拓·弗尔（Karl Otto Pöhl）曾这么说。

此外，素有"股神"之称的巴菲特相信："钱可以让我独立，然后我可以做任何我想做的事。"

巴菲特给人慈善家的形象，然而他毫不掩饰自己对金钱的热爱，他甚至请太太用有钞票图案的壁纸装饰自己的办公室。

你会想用道德去检视巴菲特的行为，就像你我都买过乐透彩，但是罪恶感并不会找上我们，为什么？就因为我们买的是"公益"彩券？

那为何钱滚钱、用金融工具赚钱，就是不劳而获、不道德的行为？

话说回来，平庸的人总是被错误的信仰铐住脑袋，总是把赚钱的行为扣上道德的高帽子，指责商人尽赚"不义之财"。

但是回归商业的本质，法律允许商人在合理范围内赚取最大的利益；企业追求利润也是理所当然，毕竟没有"利"，何来"义"？不赚钱的商人才不道德，除非他做的是慈善事业。

阿里巴巴集团董事主席马云曾经说过："企业不赚钱是不道德的，赚钱没有错，不应该有羞耻心，企业不赚钱才应该有羞耻感。"

不赚钱，企业对不起员工和股东；没有收入，一家之主养不起妻子和孩子。所以，企业怎么能不赚钱？

我认识太多朋友，表面上痛斥企业或财团赚太多钱，当老板受到不景气影响而要减薪或放无薪假的时候，他们又反过来对老板破口大骂，内心里也想多赚点钱的私欲，再也藏不住，整个爆发出来。

这时，我问他们不是很痛恨钱吗？

他们反而默不作声，再也不敢找我批判钱这个东西。

我记得，有个长辈说过，钱像小孩子，也像小猴子，当你痛恨他们、怒斥他们时，他们是绝对不会想靠近的，更别想要他们扑到你怀里。

执行力：不要等到一无所有，才想着要去拥有

美国作家华盛顿·欧文曾说："伟大的人设定目标，平凡的人就只有愿望。"

你对财富的欲望有多大？每个人都做过发财梦，幻想电视新闻里中乐透大奖的那个人是自己。但是，随着一期一期的乐透开奖，这些人没有一夕致富，反而还被现实扼杀了他们的美梦。

其实，大部分的人安于现状，就是因为他们对财富的渴求并不大。如果你爱钱爱到了一个疯狂的地步，你不会盼望它从天而降，而是会在这股热切渴望之下，整天在钱的后面紧紧追着钱跑。

安于现状的人，永远别想赚大钱

有人说不懂得满足的人，永远觉得自己贫穷，但也正是这种心态，让他们对赚钱有所渴求；而其实安于现状，才是促使自己永远贫穷的关键原因。

安于现状和务实是平凡人的本性，粗茶淡饭没关系，肚子填得饱就好；房子小没关系，能遮风避雨就好。

但是你要知道，你过的生活，多半来自你想要过怎样的生活，不把自己对财富的欲望养大，永远一副安于现状的心态，只会让你跟财富绝缘。

卓越的人对钱的渴求是与生俱来的，但是骨子里穷的人，不被逼到绝境，很难有破釜沉舟的决心。

我有个朋友，原本是个单纯的家庭主妇，老公在街上开面馆，虽然不算富有，但也算是衣食无忧。但是好景不长，她老公迷上赌博，后来又投资股票失利，前后一共欠下近千万的债务，面馆也被抵押出去，巨额债务压得一家人喘不过气来，也让她跟她老公的婚姻亮起红灯。

最后，她决定离婚，一肩扛起沉重的债务，还有三个小孩的监护权。

此时的她面对三个小孩的教育问题，还有庞大债务，她知道，普通上班族的薪水根本负荷不了。在这样前是悬崖、后是陡壁的压力之下，她心生了创业的念头。而在没有资金，银行又不肯借她钱的状态之下，她硬着头皮向地下钱庄借钱。

她知道，向地下钱庄借钱是一条不归路，她非得成功，否则就只有死路一条。

回想这段处境，她表示，在她一生之中，从未有过这么渴望赚钱的想法。

她在创业初期历经重重关卡，决定要开面馆的她，每天都在研发食材，几乎没有时间睡觉。除此之外，还要面对前夫家跟地下钱庄的刁难。

然后，每次想放弃时，看着三个孩子，她更坚定了赚钱的意念，这成了支撑她的支柱，也成了最后她得以成功的关键。

最后，她一步步朝自己的目标迈进，不但还清了前夫的债务，还在竞争激烈的餐饮市场，闯出了自己的一片天，创造出年营收入三千多万的惊人成绩。

没有人能想到，原本一个弱不经风的家庭主妇，可以从负债百万到年收入千万。但是这样真实的案例其实就发生在你我周遭，他们不是含着金汤匙出生，而是原本过着和我们一样的生活。安于现状，是平凡人跨不出成功第一步的原因；学会不知足，学会对钱产生渴望，才有可能逃脱贫穷枷锁。

不要只是一味地等待

优秀的人之所以会成功，在于他们不但敢拥有梦想，而且摊开他们对未来的蓝图，看到的是有条理的时间计划表；而一般人之所以一辈子无法翻身，是因为别说要有计划书了，他们甚至连梦想都不敢拥有。

例如，鸿海集团董事长郭台铭创立鸿海时，誓言要让鸿海从台湾第一，到亚洲第一，最后到世界第一。他发卜这样的豪语，你会觉得理所当然，重点在郭董有实践力，他可以一步步朝他的梦想迈进。

　　而当平庸的人说他的梦想是坐拥千万豪宅，会令人感到不以为然的原因，就是连他自己都不知道，他需要花多久的时间才能达到坐拥豪宅的目标。最后被搁置了的梦想，连他自己都开始嗤之以鼻。

　　当你有了对钱的渴望，你还要有实际的执行力，否则想要成功，就只是痴人说梦。有句话说："穷人爱钞票，有钱人爱印钞票。"因为有钱人对财富的渴求，已经不满足于停留在原地赚钱了，所以他开始制定目标，不断挖掘赚更多钱的可能性。管理学大师彼得·杜拉克提出的 SMART（Specific, Measurable, Attainable, Relevant ,Time-based）原则，是目标管理中的一项原则，制定目标时要包括具体、可度量、可实现、相关性、有时限五项原则。

　　所以说，你对财富的渴望，不能太过知足，但也不可以好高骛远，而是否好高骛远的定义，就在于你是否能有"执行力"。

　　韩国首富李健熙的父亲，就是这样栽培他的。为了提升儿子的执行力，他故意让当时从国外学成回国的李健熙，从最底层的办公室职员做起，从普通员工做到部门主管、经理，到最后成为三星集团总裁。

　　总之，没有执行力，再好的企划、再大的野心都是枉然。环游世界、年薪千万、坐拥帝宝（帝宝，台湾大多数亿万富人居住的豪宅地产），这些目标不是不可能达成。只是当你离终点越远，你越容易放弃，最后不是虎头蛇尾，就是另起炉灶，最终只会在原地哭泣，看着自己一点增长都没有的存款簿。

　　不幸的是，很多人在追求财富的过程中，只会像只无头苍蝇一样盲目乱闯，一旦失去了方向感，跑不到一半就自己阵亡了，只能倒在地上，然后看着别人跑到最后。这样的人注定一辈子只能过得平庸。

小贴士

SMART 原则

"SMART 原则"是由管理学大师彼得·杜拉克在 1954 年提出的理论，是"目标管理"的一种方法，在企业界被广泛运用。实行目标管理，可以用来提高员工的工作效率，也能制定科学化且有规范性的目标，作为未来公开考核的依据。之所以会提出这项原则，是因为彼得·杜拉克认为，管理者不能只顾埋头苦干，忘记企业的终极目标；在执行时也不能只有高级人员参与，而是要制定一个具有规划性，能让所有人员都投身其中，作为共同目标的系统。

SMART，分别代表 Specific、Measurable、Attainable、Relevant、Time-based。

第一，具体的目标。因为如果目标模棱两可，会使员工不知该往哪个方向前进。

第二，可衡量的目标。无法明确衡量的目标，会造成认知上的分歧。例如，想要降低客诉率，可以制定"将客诉率从 3% 降到 1%"的明确目标。

小贴士

　　第三，可达成的目标。好高骛远的目标，会使执行者没有执行的动力。

　　第四，和其他目标有关联性的目标。如果你达成这个目标，也对其他目标有利，执行的动力相对也会增强。

　　第五，有明确截止期限的目标。没有期限的目标，很容易让执行者在日复一日中失去动力。

理念：不要因为习惯现在的生活，而被平庸绑架

　　我曾经听过有个案例是这样的，有位不动产业界的大老板，早上在家固定都要看三份报纸，了解每天的时事与趋势，每当他看完报纸后，就会放在桌上跟早餐一起让女佣收拾。

　　长久以来，大老板心里都有个疑问，就是每次在回收箱看到的报纸，总是破破烂烂，被东剪一块西剪一块的。

　　于是，他忍不住向女佣问起这件事，结果对方回答，因为每天的报纸上都会有 50 元商品折扣券，所以就花几分钟的时间把它们剪下来。

然而，当女佣收拾完早餐，花了 5 分钟剪下报纸上折扣券的同一时间，在书房谈生意的大老板把房子卖出去之后，一转手就赚了 500 万。

我们都想当有钱人，但总是在做女佣会做的事，完全不知道名为"省钱就是赚钱"的稻草堆下，暗藏意想不到的陷阱。

使用折扣券其实是在使你的荷包折寿

折扣券，说穿了，就是商家极尽所能要让消费者掏出钱的杀手锏。

他们通过折扣券，主要是想灌输你"很穷吗？没关系，使用折扣券可以帮你省钱"或是"折扣券可以保证让你用最少的钱，买到最多的东西"的观念。

他们故意没说出口的是：虽然打折，但你来买越多东西花费也就一定越多，而且还会买下一些不需要的东西。

很多人花时间收集折扣券，以为可以让荷包不会瘦得这么快，无形中却因为价格便宜，导致多买了根本不必要的东西，反而花掉更多的钱，每个月的月底依旧要面对"月光光，心慌慌"的窘境。

或许，堆积如山的折扣券只是堆叠了你的成就感，以及成为有钱人的假象，但它并不能让你得到额外的金钱，而且你省下来的钱，日后还是必须被花掉，你只是拖延它被使用到的时间而已。

《M型穷人的PRADA》的作者瑞奇曼曾经说过一个故事："有只老鼠在觅食时掉进米缸，确认自己安全之后，开始喜滋滋地大吃起来，就这样过着日复一日吃饱睡、睡饱吃的生活，最后米缸空了，它才警觉自己被困在米缸的底部。"

我们身边的大多数人就像故事中的老鼠一样，看见眼前的利益就一股脑往里钻，最后才发现自己早已陷入万劫不复的深渊。

平庸的人只有省小钱的习性，所以永远也赚不了大钱，而优秀的人会把注意力放在如何赚更多钱。

计算成本与效益，是成为富人的基本功

优秀的人不会花时间去搜集折扣券或是排队买便宜，因为他们了解时间成本的重要性，既然每天 24 小时是无法变动的成本，在成本不能调整的情况下，想要有高收益，就要选择能有高收益的方法。然而，排队抢便宜对懂得这个道理的人来说，除了"浪费时间"外，就是"毫无意义"。他们在喝一杯水的时间就能帮自己赚进大把钞票，怎么会把时间花在排两个小时的队，只是为了前一百名的消费者可以享受半价的芒果冰？

就像大家都熟知的有关比尔·盖茨的故事，他有一天在路上看见 100 元美金，却没有弯下腰来捡，因为在弯腰的一秒钟，他的口袋就会流进几十万元美金。

同样是一分钟，很多人如果能赚到钱就心满意足，优秀的人则是绞尽脑汁，能赚一百万就绝不赚一百元。

此外，优秀的人倾向于追求"开源"，唯有持续的活水，才能成就一棵棵摇钱树。而很多人却只能看到眼前的"节流"，除了能留住多少，其他什么都不在乎。

大部分人只知道钞票的多跟少，优秀的人却了解金钱的本质，他们深知金钱是工具，身价才是财富，不使用折扣券，是因为不希望身价也跟着打折。

其实，要进入成功人士的世界没有那么难，不要因为习惯现在的生活，就半推半就地被贫穷绑架，并且产生感觉现在这样也很好的"人质症候群"，这样反而对于离开现在的生活抱有罪恶感。

法国科学家约翰·法布尔，曾经做了一个有名的实验叫作"毛毛虫实验"，他在花盆边缘放几只毛毛虫并围成一团，再把它们爱吃的松针放在距离十厘米的地方。随着时间过去，它们只是依照惯性持续绕着转圈，过了一分钟、一天、一星期之后，结果全部的毛毛虫都饿死了，而且到死它们都没发现，其实食物就在距离不远的地方。

坚持：你现在用于投资的每一分钱，都
是为将来的财务自由铺路

华尔街投资大师欧文·卡恩（Irving Kahn）有一句名言："做投资，重要的不是跑得比别人快，而是持续待在跑道上。"

你是否感叹自己生错时代？

清贫族、穷忙族，满街失业的硕士博士……当你沉浸在"'22K'现象"造成的愁云惨雾中时，不要忘了，其实所谓的"大钱"，也是从"22K"甚至以下的"小钱"开始累积的。

你该问的是："为何同样领'22K'，几年后却有人可以致富？"

只有"22K"如何致富？近来很多年轻人有这样的疑惑。

俗话说"英雄不怕出身低"，薪水"22K"虽然少，有头脑的人却会把对收入的不满化为动力，让手中仅有的"22K"尽量往上翻。

在投资理财的案例中，一般人最常见的盲点是"固定薪水"和"银行存款"。如果薪水是你唯一的收入来源，你将永远无法得到真正的财务自由；如果你习惯把薪水全部存入银行，无形的"贬值"之手将渐渐取走你的钱。

任何安稳、舒适的方法都无法真的让你改变，你迟早得认清这一点。

有一个倒霉鬼，他的邻居买彩票中了头奖，赢得好大一笔钱。倒霉鬼见状十分眼红，不禁大骂老天不公，为何中奖的从来不是他？

这时，上苍仿佛听到他的声音，只见云破天开，一位神仙出现在他的面前。倒霉鬼连忙双膝跪下，诚心向神仙祈求中奖发财。神仙却阴沉着脸，指着倒霉鬼骂道：

"你连彩票都没买过一张，凭什么祈求中奖？"

事实的确如此，你不先帮助自己，就连神仙也帮不了你。想在未来过上富足的生活，关键还是在你是否愿意拿出作为敲门砖的"小钱"。

很多人以为投资得先准备一大笔钱，因此总以"没资金"当作自己懒惰的借口。那是他们不理解小钱的威力，而且他们忘了，很多精英原本连"22K"都没有。正因为他们不满足于只领"22K"，所以会去找寻更多希望，他们懂得以小钱滚大钱，让自己的资本翻倍。

富人致富的关键，在于他们不会轻视"小钱"的重要性，并执着于找出让小钱"放大"的方法，才能真正远离贫穷。《M型穷人只要面纸不要印钞机》中有句话是："富人都靠持续性的'小钱'致富，穷人只想靠横财发达一次。"

薪水多寡不是关键，有头脑的人看见的不是存折上的数字，而是怎么做才能让里面的钱有效运转，帮你进行"滚雪球"的工作。每个月省下3000元用于投资，操作正确的话，获利将远超过"22K"的薪水。

但如果你担心自己的投资血本无归，而从不把股市、基金列入你的理财规划中，那也难怪你的"22K"最终成不了你的"聚宝盆"了。

大多数人在面对理财时容易失去自己的主见

如果你每天下班回家的第一个动作就是开电视，即使没有想看的节目也依然坐在电视前，那你等于在浪费生命而不自知。

学习投资管理的第一步是，妥善运用时间。例如，你可以利用睡前半小时来研究理财。

或许你认为自己不具备投资的概念，然而记住，没有人天生会投资，这就好比买车，下订单前必定会经过对比价格、比较性能、耗油量等，做足功课才会出手；投资也是一样，刚开始尽量简单，等对目前的投资工具有进一步的了解，再配合个人理财目标制订整体的规划。

学习投资的第一步，是先选定一种投资工具，投入最低限度的投资金额，寻找能让"22K"发挥最大效用的方式，然后就可以大胆执行你的投资计划了。

一旦进场投资，就会对自己的投资项目有更真切的感受，这是最快上手的方式，到了这一步，就可以考虑慢慢增加投资的金额，朝所定的目标迈进。

切记，不要一味"贱卖自己"，无谓的加班不仅不会增加你的能力，还会让财神离你越来越远。尤其经常熬夜是在消磨你的竞争力，不仅毫无产能可言，而且当你有一天跟不上时代的脚步时，新一代的穷忙族终将取代你。另外，在所有投资项目中，只有一种是稳赚不赔的，那就是"自我投资"。

香港首富李嘉诚曾说："知识改变命运。"理财有一定的风险，但是通过读书所学习到的知识却能保证100%为自己所用，这些本事会一直跟随着你，等待适当的时机发挥作用。

你需要记得的是，现在所做的一切投资，都是为你自己的将来做打算。每个人当下的生活条件，都取决于自己过去做的选择；包括现在为何领"22K"，都和你过去20年的人生有关。

我有位远房侄女，她不愿意进场投资，只因为不想忍耐五年的拮据生活。比起投资未来的财富，她宁可眼下的日子过得舒服些，至少衣服、鞋子、名牌包样样不能少。

她想享受目前的生活，这一点无可厚非；然而这种想法的危险之处在于 10 年后她是否能过得和现在一样好？

对于这样的现象，我能说的只有：你现在用于投资的每一分钱，都是为将来的财务自由铺路。通货膨胀、货币贬值还有时间的流逝，通通不会让你好过太久。

如果你已打算洗心革面，要正式加入这场"金钱游戏"，最好做出长期抗战的心理准备。理财投资，最重要的是持之以恒。

理财上不间断的投入是致富的关键，然而很多人无法完全做到。

知名的"棉花糖理论"出自史丹佛大学的一个实验，该实验以棉花糖作为奖励，只要小孩子能忍耐 15 分钟不吃掉手里的棉花糖，就可以再得到一块。从这个实验中发现，愿意等待的小孩，长大后会比吃掉棉花糖的小孩成功。

这说明了一件事：成功的关键，在于这个人是否有"延迟享乐"的本事。今天的忍耐会在明天带来回报，只要你别急于一时的享受。

小贴士

巴菲特的"滚雪球"投资哲学

关于复利的观念,股神巴菲特将之比喻为"滚雪球":"复利有点像从山上往下滚的雪球,开始时球很小,但只要往下滚的时间够长,而且雪球黏得够紧,最后雪球会越滚越大。"

滚雪球原理的两个重点是:

一、寻找值得抱的雪球,也就是有潜力的公司;

二、找一条够长的跑道,买进后长抱不卖,靠复利的效果累积获利。

关于复利,简单地说就是每一期结算的本利和,会累加到下一期的本金进行计息,也就是本金会随着时间越积越多。

复利的公式:本利和 = 本金 × (1 + 利率) × 年数

复利会把赚到的钱继续投入利息的计算中,因此只要抱的时间够久,钱会增加得越来越快,这就是巴菲特"滚雪球"的原理。

追求：为什么到高级餐厅消费，却能让财富增加

已故的美食作家茱莉亚·柴尔德（Julia Child）曾说："尽管受饮食潮流、健身课程和健康意识影响，我们仍不能失去追求美食的憧憬。"

但在很多人眼里，食物与美食几乎可以画上等号，他们通常只求填饱肚子，因此，食物在他们的认知中就是能让身体产生能量并且提供营养的东西。

而富人口中倒背如流的"酸豆奶油熏鲑鱼蝴蝶面"，对大多数人来说好比是神秘的咒语，他们从来都不明白，明明就是鱼肉跟面拌上白白的酱汁而已，为什么总是要把名字搞得这么复杂？

平凡的人只能看到眼前的利益

"饮食文化"这四个字对一般人而言，就像海报上的标语，好像隐含着很伟大的意义，但他们压根不想去了解背后究竟有什么故事。他们觉得反正就是吃东西嘛，最后还不是会被肠胃消化殆尽，何必花这么多心思在这上面。

每个月领固定薪水的人，总是想方设法能省就省，一餐绝不允许花费超过 70 元，到高级餐厅消费的几率是微乎其微，也因为他们不会适度扩张支出，只是安于现在的收入，导致永远没办法成为精英俱乐部的一分子。

我有个朋友，讲好听一点是生性节俭，说穿了，根本就是一毛不拔的铁公鸡，从来不踏进简餐店，更不用说动辄上千元的高级餐厅。

有一次为了庆祝结婚纪念日，禁不住妻子一再要求，他终于勉强答应带她去有名的高档餐厅用餐，没想到席间他把"穷人"的习性展露无遗，不但抱怨盘子大、东西少，根本就是坑钱的黑店，还生气地叫服务牛不要一直来做桌边服务。

只会从井口去观望世界的人，长久以来都活在自己穷酸发臭的井里，完全不懂外面世界的运作方式，他们只着眼"生存"而不会放眼"生活"。

而精英们已拥有无数的财产，早就吃遍高档的食材，他们去高级餐厅的目的已经不是为了品尝美食，而是为了财富的增值。

为什么到高级餐厅消费，却能让财富增加？

平庸的人将高级餐厅定义为奢侈且非必要的场所，所有相关花费必须列为损失，当作"应付账款"；但富人却认为高级餐厅能够加强让财富增值的关键因素，产生的效益远大于所支出的费用，应该将眼光放在未来的"应收账款"。

很多人无法摆脱穷酸味，就是因为只能看见账面上的损失，而富人之所以能终日与钱为伍，原因就在于他能看穿背后的效益所在。

良好的生活品位是财富增值的关键

米其林风潮逐渐席卷亚洲，由于许多外籍星级主厨也陆续来台湾客座，"星星宴"成为精英们竞相参加的重要活动之一。

美食当然是亮点，但绝对不是重点，精英们很清楚地知道，会参加这种宴会的人对生活水准的要求很高，当然也具有一定的品位与眼光，如果多跟这些人接触，不但自身的格调会向上提升，而且一旦成为指标性人物，有"名"之后 ，"利"也会尾随而至。

去高级餐厅并非精英的最终目的，而是加速累积财富的手段。

此外，物以类聚是常态，会在高级餐厅出没的人，大多是腰缠万贯的有钱人，就像打小白球可以交朋友一样，进出高级餐厅能有更多机会认识其他精英朋友，拓展自己的社交圈。

虽然人人都知道"人脉就是钱脉"，但每个人的人脉大多参差不齐，不见得可以派上用场，只有少数人的人脉是"品质有保证"、百分之百能够转换成钱脉的。

江振诚被《时代》杂志誉为"印度洋上最伟大的厨师"，

喜爱法式料理的人一定对他的名字不陌生，许多人都津津乐道于他的手艺与理念，若客户也是法式料理的粉丝，在谈生意时也能作为话题之一。

精英们会借着这个机会与对方讨论用餐心得，用美食与对方做情感上的连接，而且还能为自己的气质加分。通常合作对象听见你的分享，心中的印象分数都会大幅上升，好感度也会增加，话语之中就可能促成无限商机。

除此之外，高级餐厅还有另一个财富增值的关键因素：健康。

我认识的一位上班族朋友，对于三餐总是抱持着"吃得饱就好"的穷观念，尤其又是外食族，常常都用鸡排、面包这种简易的食物果腹，时间一久，由于长期营养不均衡，身体状况就开始亮红灯。

而高级餐厅都是选用最新鲜的食材，烹调方式不只注重色香味，也顾到营养的均衡，食用者一边用餐，也能一边为健康把关。

《这一生要做有钱人》提到：健康的体魄是创造财富的

首要条件。假如身体不健康，根本就没有多余的体力思考赚钱的事，同样的，有钱人也把健康看作是户头数字的"1"，要是没有前面的"1"，即使后面有再多"0"也是枉然。

爱因斯坦曾经说过："全天下最愚蠢的事就是：每天不断地重复做相同的事，却期待有一天会出现不同的结果。"

人生是公平的，现在平凡不代表未来也会平凡，只是，如果你不改变现状，还想一直过着得过且过的人生，那么你的未来也不会发生任何改变。

种什么因得什么果，不想改变的观念是你种在人生里的种子，再怎么施肥，也不会长出名为财富的果实。你要做的是立刻行动起来，改变自己的思维，这样你才会从根本开始改变，最终开出富贵人生的花朵。

气质：不是物让人变得高级，而是人让物变得奢华

有钱人的思路是从"想要"到"想买"，唯独不看"价钱"，因为那是最枝微末节的事。

标价？那是什么东西？

部落格作家宅女小红，在网络上分享了一篇购买枕头的文章《我好奢华，因为我用贵妇级的枕头》，描述有落枕的她购买枕头货比三家的经验。

在文章当中出现了八千、一万元不等的枕头，询价时店员会按照个人脖子的角度，丈量后拿出样品试躺，给人"尖端科技结晶"的感觉。

　　结尾告诉大家，这钱花得值得，并推荐给同样有睡眠问题的读者尝试，"它真的让我不再落枕了"，小红感叹地写道。

　　为何我们一般人，就连打定主意要买一个好枕头的人都要多方比价、搭配优惠后才确定购买，有钱人却是眼也不眨，就掏出卡刷下？

　　难道有钱人出门不花个八千、一万，心里不舒坦？

　　会产生这样的疑惑，是因为我们只看到过程，而没看到富人的内心世界。

　　当有钱人打算挑选枕头，他们花了出这一趟门的时间（别忘了有钱人的时间等于金钱），就希望不是无功而返，对追求效率的人来说，买到合适的枕头势在必得。

　　面对某某国际知名品牌的寝具，有钱人看见的是质感，考虑的是舒适和耐用，"这是否能让我一夜好眠？"等问题也许都通通想过　轮了，还是没思考价钱的问题。

　　如果你在这时偷偷靠近，拿起商品翻看背后的吊牌，会发现就连最便宜的抱枕，单价尾数也跟了一串零。

你也许会为此咋舌，不明白为何有钱人连寝具也要花大钱买名牌？

但是在你对这样的现象疑惑并做出评论前，必须先有一个认知：有钱人不会因为钱太多心里不舒坦，而非要花光不可；至于购买高价品，他们的出发点也从不是为了炫富。

你大概认为，有钱人在这种看不见的地方奢华，和在鞋底绣花差不多。然而，不同的是，这些寝具都具有实质的意义，而且再单纯不过——就是注重睡眠品质。

从更长远的角度看，这样的选择对健康也有帮助：一个设计精良、符合人体工学的记忆枕，能调整你的躺卧姿势，使你睡眠时足够放松，不让疲劳有继续积累的机会。

这并非崇尚名牌，而是一种追求质感和效果的体现。毕竟一个昂贵的枕头不会镶金包银，好不好用、舒不舒服，即将要枕在上面的人最清楚了。

揭开有钱人的消费之谜

就像很多人认知的，有钱人刷卡不手软、购物不挑眉。对他们而言，选择信誉优良的名牌是为了简化挑选的过程；与价格相比，他们更在乎的是眼前商品的性能，以及用起来的效果。

很多人买名牌只是为了跟上潮流，认为"有牌"自然是好的，而便宜肯定没好货。在对名牌的"盲信"驱使下，即便只是印有某牌 Logo 的纸袋，一样能造成疯抢；与商品真正的功用相比，那小小一块商标对他们的意义更大。

所以从表象上看来，会出现有人追求时尚，而有人引领时尚的现象。有品位的人只愿意用品质更高的东西，所以"名媛风""雅痞风"会被视为时尚的代名词，继而人人追捧；然而有些通俗廉价的东西，就算使用的人再多，也不会因此造就"庶民风"的流行品牌。

日前流行的"布希鞋"就是明显的例子。

由于美国总统布希（即布什）穿过该款式的鞋子，透过媒体报道，这种表面布满孔洞的新奇鞋款一时蔚为流行，尽管最初的布希鞋式样朴拙、具有明显的塑胶质感，但民众毫不介意穿它上街；反观随处可以买到的"蓝白拖"，拥有的人虽多，但就不见得有穿它逛街的意愿了。

同样是透气功能的休闲鞋，为何布希鞋和蓝白拖在人们眼中的分量如此不同？

布希鞋尽管价格高昂，但并非有钱人专属的享受，只是这个流行是从有钱人开始的。不可否认，布希鞋的质感比一般拖鞋考究许多；一位友人的妻子做的是经常需要站立的工作，这位不爱赶潮流的女士原本拒绝友人送她一双鞋的好意，却在穿过布希鞋后，彻底迷上它的质感。

"舒适"是这些有钱人之所以选择布希鞋，而不是蓝白拖的原因。关于价格，有钱人认为好用就值得；至于外观的问题，他们很明白这是休闲时穿的鞋，自己不会在正式场合穿，因此不会介意。

你也许会认为布希鞋太贵，有钱人只把它当拖鞋穿，是对财富的滥用；然而对有钱人来说，一件物品能让自己用得满足最重要，价格还是其次。对那一部分人来说，并不是奢侈品把人衬托得高档，而是人把奢侈品穿出了奢华。

格局：懂得把时间"投资"在正确的地方

"人是万物的尺度。"——古希腊智者普罗泰戈拉（Protagoras）

这句话的意思是，事物的价值，是相对于人的感受而言的，所以不同的人对同一件事的看法不会完全相同，而这些不同的想法，没有是非及真假的分别。

举个例子，对地球上的人来说，月亮十分遥远；而如果月亮有感觉，它想必认为"自己与地球的距离"相较于"自己和太阳的距离"要近得多。

若以人类自己的眼光来看，会觉得大象是庞然大物；

然而从大象的角度来看，它不认为自己巨大，反而会认为是人类太渺小了。

不要把时间浪费在可以被替代的事物上

豪宅的管理费一户要交"22K"，相当于一名大学毕业生一个月的薪水。听起来不可思议，然而这就是现今社会的现象——贫富收入呈极端的 M 型分布。

尽管如此，却不表示有钱人在管理费这件事上挥金如土、用度豪奢，从相对论的角度想，"22K"之于富人的收入，或许仅是九牛一毛的程度。

当人类都以自己为尺度时，很多人的尺度就显得特别小，由于尺度小，自然觉得豪宅的管理费是无法负担的天文数字。

他们甚至还住在一个月租金八千的房子，当然觉得光管理费就要"22K"是不合理而且奢侈的。

如果豪宅的管理费是"22K"，可能就表示房屋的价格每坪超过百万，所以为了维护这"高贵"的房屋，收取高昂的管理费用是合理的；况且"22K"可能只占富人收入的1%（或以下），相对于很多人收入"22K"，却要月缴800元管理费来看，这算是相当小的数目了。

对于精英而言，这样的收费是合理的，在可接受的范围内。甚至他们想的是："这不到我收入的1%，却帮我减少不少麻烦，还挺划算的。"

事实上，豪宅的管理也附带诸多服务，包括打扫、送洗衣物，不光只是看门而已。而多少价格换取多少服务，这对有钱人来说符合公平原则；与其在家事和杂事上亲力亲为，不如把时间花在更有意义的事上。

真正的富人宁愿花钱请人做些小事，也不想花自己的时间处理琐事，因为对他们来说，时间也要"投资"在正确的地方。

关于拿金钱交换时间，我听过这样一个说法：

当直销人员的收入到达一个程度后，为了把开车的时间和心力省下，他会自己聘请司机；接着把琐事下放给他人，可能会聘请一位助理，并把应对和服务客户的事情交由助理处理。

你可能会疑惑：对直销人员来说，接待客户不是最重要的任务吗？然而这只对了一半，当直销人员的经验和能力提升到一个高度后，他的主要任务在于开拓市场，而不是把时间拿来处理客户询问和意见这些属于基本服务面的事宜；他们宁愿花钱请助理做这些，自己把精神放在挖掘持续收入的来源，用于做更多的思考和决策，打造未来的商机。

想拥有什么样的生活品质，由你自己决定。

20 世纪伟大的物理学家爱因斯坦，曾经被问及是否会把知识记在笔记本上，并且随身携带。面对这个问题，爱因斯坦表示自己"不大去记辞典可以查到的东西"，反而是经常让头脑保持轻松，以便把精神集中到自己想研究的主题上。

就连爱因斯坦都认为花脑力记忆"可以查到的东西"是不必要的事，这让人如梦初醒：连天才爱因斯坦都这么觉得，身为一般人的我们，是否还要把力气花在可以被取代的事物上？

　　虽然俗话说"寸金难买寸光阴"，但是有钱人已经透过行动告诉你，时间也可以靠金钱换取。

　　再回到每个人"尺度"不同的这件事上，富人们花钱，他们不必把时间拿来打扫和开车，并且认为这是很划算的。他们除了以小搏大，还懂得"有舍才有得"；真正的收益在哪，时间和资金就应该投在哪，适度地牺牲方能达到最大的效益。

　　试着从富人的角度衡量金钱的"尺度"，学习富人对待生活的态度，从中你可能会发现惊人的回报率。从富人的角度来看，钱已不再是流于数字化的概念，而是和时间之神对赌时最实际的筹码，用以赢取"效率"。

　　如果你自认手边没什么钱，那时间就是你最大的资产。别把时间消耗在追踪每一分钱的去向上，锱铢必较的结果，很可能只是浪费时间。但也并非鼓励你把时间消耗在靠劳力累积的财富上，相反的，如果有钱人的致富公式是"金钱 ÷ 时间 = 效率"，你要把它改写成适合自己的公式："时间 × 效率 = 金钱"，靠效率争取最大的收益。

　　最后不得不说的是，价值观的"尺度"其实就是认知的相对论，价值观的不同会造成不同的选择；有些有钱人过得很平庸，却也有普通人活得像富人，这得看你想"怎么活"而已。

郭台铭说："'格局'决定在一开始你的心里到底怎么想。"

有一种鱼，当它生活在溪里时，体形有蒲扇般的大小；如果把它的幼鱼抓到水池中饲养，幼鱼长大后的体形只剩巴掌那么大；而如果把幼鱼放进鱼缸，那这条鱼最大也只会长到和硬币差不多而已。

出生在鱼缸中的鱼，只有不断变换生存的空间，才能长成真正的大鱼；也只有不断放大你的眼光和格局，站在精英的角度思考，你才有成为精英的可能。

挑战：拒绝风险就是拒绝成功

《富爸爸，穷爸爸》的作者罗伯特·清崎曾经说过一句话："富人买入资产；穷人只有支出，中产阶级买入他们以为是资产的负债。"

更明确地说，在富人眼中，即使借钱创业，都算是一种投资。在他们的字典里，没有负债这两个字。

很多人之所以会一直逃脱不了贫穷的日子，就是因为他们不愿意转念一想，将负债转为机会，将当下的逆境当作未来致富的跳板；他们安于领着"22K"度日，不愿意破坏眼前的安逸，不愿意放手一搏。

没钱又拒绝负债，等于把机会锁在铁笼里

更明确地说，在富人眼中，即使借钱创业，都算是一种投资。在他们的字典里，没有负债这两个字。

很多人拒绝负债，认为负债等于负面的表现、是种不负责任的金钱态度，但是这样的想法，让你永远都只能看着杂志里面别人创业成功的案例，然后抱怨自己没有成为精英的福气。

大多数人认为借钱投资不但不切实际，还会把自己逼进死巷。但其实看似再幸运的致富故事，里面都带有孤注一掷的成分。

市场上某个知名鸡排企业，在鸡排界是令人称羡的龙头，但是在风光背后，也是靠着老板负债百万的胆识所换来的成果。

据说，鸡排店的老板在 20 岁前是个只会挥霍家产的阔少爷，他玩古董车，光算被他撞烂的古董车，就让他负债百万。

　　这样放纵不羁的人生，让他父亲在咽下最后一口气的前一刻，还在为他担忧不已。后来，父亲的死带给他很大的冲击，让他痛下决心要靠自己的力量做出一番成绩。

　　他决定开店，他大胆地以信用卡跟现金卡预借现金，筹到几十万元的创业本钱，还额外借了五十万元。

　　原本，他只是想要加盟某家知名连锁店，但后来因为和总公司闹得不愉快，他毅然决然决定自己创业。

　　然而，在不断改良食材与建立品牌的过程中，让他投入的创业基金，失去控制地增加到两百万元以上。

　　可想而知，大多数人在这个时候，多半会失去信心而萌生退意；但是他很清楚，眼下的负债，不是他的人生终点，而是让他转逆为胜的中转站。

　　他心里很明白，他已经没有退路，如果他真的放弃了，就算每天去打几份工，要用微薄的薪水偿还他的百万负债，他必须每天工作十多个小时、每个月只能花几千元，才能以最低额度偿还债务，而且这样拮据的苦日子必须过上15年。

如此一来，微薄的收入只会让他的债务不增反减。他知道，如果他坚持下去，这一时的负债，日后将是他开启致富的第一扇门。

就这样，他从创业初期一天不到 4000 元的营业额，到最后成功创造出月营业额上百万元的成绩。

但是从负债到获利，他整整熬了三年。

如果你真的没本钱，又固执地拒绝负债，你可以避免风险，也可以省去苦苦等待的日子，但同时你也等于斩断了可以让自己咸鱼翻身的机会。

要懂得正确的借贷

很多人拒绝负债，是因为害怕负债；而害怕负债，则是因为他们不了解负债的真正威力。

很多人就是因为不懂如何善用负债，才使他们对于"借钱投资创业"这件事，保持着高度怀疑，心里只想着万一投资失败，拿出来的钱就像肉包子打狗一样有去无回。

但是你要知道，当你把借来的钱用在创业、投资而获得利润时，在未来的终值会大于现值。当你明白了这个道理，你就会知道，此刻的负债带来的不是绝望而是希望。

财富是不能从无到有的，存款可以。然而，对很多没本钱的人来说，财富却可以从"负"到有，借别人的钱来滚出更多的钱，然后再把钱还给别人。

因此，对富人来说，或者对那些白手起家的人来说，有人或银行愿意提供贷款，等于是平白无故从天上掉下一个阿拉丁神灯。不幸的是，穷酸习气缠身的人，看到这个神灯多半会吓得快闪，有的甚至还把神灯视为受诅咒之物，把它埋掉或丢到海里，深怕这个不祥之物会让他们家破人亡。

借贷这个东西，本质上和神灯没有两样，同样是要许愿，不同的是神灯无偿送你东西，借贷是有债权人在背后给你压力，逼你一定要成功。

这么看来，借贷的好处胜过不劳而获且无功受禄的阿拉丁神灯。

只是，投资需要资金，也有一定的风险，我们都知道，风险越大，获利也越大。然而，对富人来说，致富的重点除了在你能不能征服风险外，也要看你能不能战胜自己内心的恐惧。

世界首富比尔·盖茨曾经说："企业家的首要任务，就是冒险。"而这种冒险，不是暴虎冯河的愚勇，而是谋定而后动的策略规划。

前王品集团董事长戴胜益，也曾经历过负债两亿的惨痛经历。虽然第一次的创业，就让他赚进人生第一桶金，但是幸运之神并不是一直都如影随形地跟着他，因为随之而来的失败，也让他赔上将近两亿的天文数字，而紧跟着的是多达九次的创业失败，和长达十年的负债人生。

惊人的负债，并没有让他萌生退意，因为他知道一时的负债并不代表他得永远贫穷。优秀的人拥抱借贷，因为他们相信，自己有能力用借来的钱，走出偿还债务的窘境并且抵达成功的彼岸。

相反的，平凡人惧怕负债，他们到死都坚信，借钱给他的人或银行，都是吸血鬼，一旦惹上负债，就必须永远被吸血，永世不得翻身。

　　然而，财富的多寡不重要，重要的是你把它放在什么位置。即使你存款簿里有千万财产丢着不理，总有一天也会坐吃山空；相反的，即使你现在借贷千万，如果你以这些资金滚出无限的千万，这些负债就是你致富的钥匙。

　　总之，眼前的负债，不代表你一辈子都无法翻身。相对的，没有负债的人，也不是一定能过得幸福。

　　卓越的人懂得将眼光拉远，才能看见负债背后的无限可能。平庸的人看不见未来，只好死守今天的现状。

效率：有的人只会辛苦工作赚钱，有的人却让钱帮他们辛苦工作

《有钱人想的和你不一样》的作者哈福·艾克在书中提到："有钱人选择根据结果拿酬劳，穷人选择根据时间拿酬劳。"

很多人认为工作多少时间就拿多少钱是天经地义的事，从来不曾发现这是种迂腐的想法，也是让他们无法过好日子的罪魁祸首。

看似合情合理的情节，其实在现今社会早就已经不适用，因为名叫通货膨胀的怪兽会迅速吃掉你微薄的存款，CPI 会让你的荷包紧得喘不过气，看起来安稳的每一天，其实到处暗藏着贫穷的隐患。

得过且过的人生是不稳定的

我有一位邻居自己投资做小生意，在夜市里租了店面做服饰买卖，每天营业额都很稳定，不只老顾客回购率很高，新客户也陆续上门光顾。

有一天出门前，他不小心从楼梯上跌下来，到医院看诊时，医生强调必须休养一星期，这下子可就让他伤透脑筋了。

因为没有聘请员工，表面上好像当老板很风光，其实他跟一般上班族没什么两样，而现在不但要支付医药费，而且接下来的连续七天没有任何收入，这实在令他很不安。

除非你是机器人，否则不可能用劳力工作一辈子。

只要是人，身体再好，体力毕竟有限，加上人有旦夕祸福，谁都不知道敲着你房门的是意外还是惊喜，安于现状的人只知道做一天和尚撞一天钟，遇到突发情形也只能眼睁睁看着薪水不告而别。

我有位女性朋友，就是典型的办公室粉领族（粉领族，通常是指执行次要工作的女性，比如：秘书、资料输入员等），每天朝九晚五的生活让她产生安稳的假象，以为只要一直维持这种模式，往后就能生活无忧。

没想到突如其来的重感冒，让她完全没办法去上班，一连请了好几天的病假，偏偏家中又遭逢变故，不得不请假处理，结果下个月拿到薪水条的时候，竟然少了三分之一的钱，这不禁让她大叹：原来钱不只会每天准时上下班，甚至还会请假缺席。

上班族都是靠着劳力赚取薪资的辛苦人，一天的薪水就从早上打卡开始计算到下班，有工作就有钱，没工作就没钱，除此之外还要担心请假会拿不到全勤奖金。

更可怕的是，你的钱下班了，但你的人却还在公司加班。

很多人的钱，体质是很虚弱的，经过一天的摧残后就脸色发白，不得不按时下班，而富人的钱拥有强健的体魄，即使也日夜操心，仍然生龙活虎，不断替富人把厚厚的钞票吸进口袋里。

用钱去创造钱

《有钱人想的和你不一样》这本书告诉我们："有钱人让钱帮他们辛苦工作，而穷人只知道辛苦工作赚钱。"

相对于一般人出卖劳力领死薪水，喜欢动脑子的人选择更省力又有效的赚钱方式，不但自己不必累得半死，财富也能快速累积。

富人懂得架构系统与研拟 SOP（标准作业流程）来创造"持续性收入"，通过完整的商业模式，每时每刻都能赚进大把钞票。

伊提帕·柯彭温奇是泰国知名零嘴（零食）"小老板海苔"的品牌创办人，从刚开始历尽千辛万苦打入 7-11 的通路，到现在成为泰国海苔的第一品牌，不但旗下拥有几千名员工，商品甚至还外销到世界各国。

通过设立公司以及布局通路，他成功加入富人的行列，不管是吃饭、生病、睡觉，都不曾停止赚钱，只要有人购买产品，钞票就会主动跑进他的口袋。

有句话说得好："世界上最遥远的距离，是你的口袋与我的口袋之间的咫尺天涯。"

鸿海的郭董拥有 130 万名员工，也就是说他工作一天，等于一个普通上班族要工作 130 万天。以一年 365 天来算，相当于 3562 年，你要拼死拼活工作好几十辈子，才能比得上郭董"得意的一天"。

富人了解 OPT（Other People's Time）的重要性，他们知道就算每一分每一秒都在工作，能产出的结果也有限，利用别人的时间来增加自己的财富，才是最有效的赚钱秘诀。

像是前王品集团董事长戴胜益，花了十年的时间建构自己的经验系统，虽然过程中费尽千辛万苦，但一旦系统建构完成之后，白花花的银子就像自来水一样源源不绝，无论他身在何处，每分每秒都有持续性收入。

"辛苦一阵子，享受一辈子"是富人的金钱蓝图，他们不会把心思放在"要赚多少钱"，而是专注于"如何让钱不断投入户头的怀抱"。

很多人却秉持着"有劳动就有饭吃"的信念，每天兢兢业业地完成每一项任务，却没想过"没劳动就没饭吃"的下场，总是坚守着既有的穷观念，用早已酸臭的思维，拼命地灌溉着一心想成为富人的梦土，却不知土壤早已受到不良影响，逐渐被污染殆尽。

一念之差，决定了你是迈入贫穷还是走向富贵，你必须改变自身的思维观念，才不会让自己永远身在"钱不够用"的水深火热之中。

"没有来不及，只有不想改"，所有的观念和习性都可以被矫正，只要你能狠下心来改变自己的思维模式，你的人生才能向更好的未来迈进。

小贴士

钞票的"时间价值"

在商品社会中，钞票不只是钞票，钞票的价值会随时间变动，如果你把钞票拿去投资，随着"利率"加上"时间"的滚动，你在未来可以取回的钞票，会比原本持有的更多。

举例来说，A 持有 3 万元的钞票，如果 A 在今年把这 3 万元存到银行，假设是"整存整取"，定存两年，固定利率是 1.3%，定存到期后，产生的利息约有 790 元，这 790 元就是原本的 3 万元钞票，随着时间的累积产生出的价值。

因此，懂得这个道理的人会尽可能寻找高报酬率的工具，让现有的钞票随着时间的累积，越滚越大；反之，如果你只是把钞票摆着不动，不敢把钞票拿去投资或打造印钞机，钞票的价值，只会随着物价的上涨，越来越低。

第二章

精进之智：

聪明人的懒惰，
是能把事情做得又快又好

懒惰一直是为人诟病的坏习惯，但"智懒"却是促进时代创新的原动力。懒于杂物，才能勤于动脑，在行动之前先想想处理问题的最佳办法，做自己喜欢而擅长的事，才能成为不可替代的人。

理性：能够不亏钱，就是走上致富之路的开始

"市场也许会衰退，却不会消失。"——《史上最强的42 个工作法则》

从 2008 年金融海啸开始，全球经济进入漫长的冰河期，股票、基金等"纸资产（Paper Asset）"纷纷陷入化为壁纸的危机。

然而，我却感到一丝乐观，因为这代表着世界财富格局将重新洗牌，每个人都会有一个能够翻身的机会。

人们通常有"不景气时赚不到钱"的刻板印象，我认为有必要打破这个观念，你要想的是：大环境不景气时，

钱会流去哪里？

当人人荷包紧缩，一些不需要花太多钱就能进行的活动，例如和朋友一起上馆子饱食一顿，便成为最受欢迎的娱乐。毕竟经济再不景气，饭还是要吃的，在这样的氛围下，不少餐饮新贵于焉诞生。

"民以食为天"，这句话说明：乱世中最重要的除了食物，还是食物。只要人类一天还没灭绝，这世上粮食的生意都有人做。

既然如此，你为何认为经济不景气就赚不到钱？

反观当下赚钱的事业，不表示未来也保证赚钱。曾经风靡各地的蛋挞店就是明显的例子，一窝蜂地开，一窝蜂地倒，不出几个月什么也不剩。如果你只看眼前，就和那些"一窝疯"的人没有两样，短视近利的结果会失败，一点都不让人意外。

不景气时有不景气的投资法，另类的投资选择能带你从危机中找出商机，趁着不景气、人人手中缺现钞的时候，适时逢低买进，可能就是你翻身致富的机会。

限量是残酷的——"硬资产"缔造另类商机

在纸资产几乎变成壁纸的同时，"硬资产（Hard Asset）"却在投资人之间兴起一股哄炒热潮。

这股"硬资产"热潮从西方延烧到台湾，它的疆域面积远比想象中更为宽广，指的是有具体商品的"实体资产"，其精神是"万物皆可投资"，除了传统认定的黄金、钻石和古董，收集品如邮票跟模型玩具，食物如红酒、鲍鱼等，样样有人投资，潜藏的商机无限。

硬资产都是些看得到、摸得到、可以保存的东西，相较于"虚拟财富"的纸资产更有安全感，而且品种多元，投资人不但能借此增加财富，所选择的投资项目还可以建立在兴趣上，更能获得成就及认同感。

由于 M 型社会驱动"消费性经济时代"的来临，经济发展向人文和美学靠拢，应运而生的商品益发精致、具有玩赏价值。这当中有些市场淘汰快，造成物以稀为贵的现象，商品身价也跟着水涨船高，甚至有钱也买不到，这样的情况往往令收藏者大叹"限量是残酷的！"

从收藏家市场的角度来看，选择硬资产的优势在于增值空间无限，价格也不会无止尽地下跌；不用我说，越是罕见、稀有，价值的增幅越是难以斗量。

你大概听过宝石收藏，但是对"陨石收藏"认识多少？这听起来稀奇冷门，却不容小觑。现存陨石数量仅四万颗上下，收藏圈却不断扩大，已从上世纪末的两百人增加到现今的万余人；价格也从原来的每磅几美元，攀升到直追钻石的天价。

然而任何投资均有风险，就算你选硬资产也不例外。购买股票、基金等纸资产时，不可能发生买到假货的情况；但投资硬资产最怕的就是买到假货和劣质品，一旦发生，损失难以估计，因此投资者须具备辨识真伪的能力。

硬资产倾向于知识经济，懂得越多越能从中获利。最好你能热爱自己投资的"硬资产"，下手前认真研究相关知识，并做好长期抗战的心理准备。

"失败"是投资的试金石

其实每次金融风暴的发生，都是在帮我们"缩短"贫富差距，让普通人和精英都可以站在比经济非常景气时更

公平的起跑点。以 2008 年的金融海啸为例，全球百万富翁
（这里指美金）所持有的资产锐减了 20%，突破历年以来的
新低点。

由此可见，不景气下人人同命，就连有钱人也变穷了；
而当大家都一样穷时，大可以放胆地投资，俗话说"赤脚
的不怕穿鞋的"，失败了顶多是打回原点。

某位在台大任教 18 年的教授，说过这样一则故事：

曾经有这样一名学生，大学就读于台大，一路以优异
成绩走过求学阶段，并如愿到美国麻省理工学院攻读硕
博士。

就算到了麻省，他依然努力不懈，每个科目都拿下"A"
的漂亮成绩。

然而他终究碰到了铁板，有一门陌生的必修课程让他
首次得到 A 以外的分数。他沮丧地去见指导教授，教授却
开心地恭喜他说："你终于可以放胆去做更重要、更有价值
的事了！"

这名学生听完十分疑惑，究竟什么事比追求学问更重

要、更有价值？教授回答："犯错和创新。借由学习到的基础，有计划地犯错和创新是有价值的。"

只要从失败中找出可改善之处，失败就是有价值的；投资也是一样，学着不亏钱，就是走上成功之路的开始。"这世上没有比亏钱更好的老师，当你学习怎么做才不会亏钱时，你已经在学习怎么赚钱了"，杰西·李佛摩（Jesse Livermore）如此说。

李佛摩被《时代》杂志誉为"最活跃美股投机客"，堪称华尔街传奇的他曾经历八度破产和再起，一遍遍奇迹般地翻身，证明每个人都有"以小搏大"的转机。

正因为在经济不景气时，破产的人也已经不会再有资产缩水的问题了，而对多数领固定薪水的中产阶级来说，"无负债"就等同于已经具备进入这场金钱游戏的门票。

凡是在经济不景气时，买进股票房产的门槛都会大幅降低，这时进场做任何投资都不要求你有太深的口袋，而且有希望捞到物超所值的回馈。可以说不景气反而让我们捡到难得的机会，让我们可以进行"借贷、投资、致富"的三部曲了。

小贴士

纸资产和硬资产

一般我们熟知的投资项目如股票、债券、基金等，都属于"纸资产（Paper Asset）"。这是基于金融体系的稳固下，将资产化为契约的虚拟交易。

"硬资产（Hard Asset）"则泛指具有实体的财货，诸如黄金、珠宝、邮票、古董、艺品、名表，甚至红酒和鲍鱼等贵重物品，都是能够作为投资目标的硬资产。

纸资产与硬资产之间，有一种跟随景气循环相互消长的趋势。经济非常景气时，大家对于市场与货币的信赖感较高，纸资产的交易相对受欢迎；当经济不景气、处于低迷状态时，纸资产无法保障其自身价值，硬资产就会抬头。

最明显的例子是国际金价飙涨，其中最主要的原因是作为国际货币的美元持续贬值，投资人基于害怕资产缩水，纷纷转移到相对稳定的硬资产，也就是黄金，于是导致了金价飙涨。

作为投资的工具，纸资产与硬资产各有其优点与风险。但如果能掌握金融的趋势，适当地分配与转换，投资也能无往不利。

思维：优秀的人要的不是钞票，而是财富背后的机会和自由

　　前王品集团董事长戴胜益身价高达数十亿，但是他的小孩却没有因此占尽先天优势，因为戴胜益教育孩子的第一步，就是要他的孩子忘记自己有一个富爸爸。

　　为了不让富爸爸成为孩子成功道路上的绊脚石，王品集团有一条"非亲条款"，规定三等亲以内的亲属都不得进入王品旗下任何企业工作。同时为了防止带给小孩"未富先贵"所造成的不良心态，戴胜益也决定捐出 80% 的财产作为公益，只留下 5% 的财产给一双儿女。

　　事实上，不论是现在的工作，还是未来的前途，唯有自己闯荡过后，才是真正属于自己人生的经验值，而从中获得的好处，绝对也会比等着继承父母财产的富二代来得多。

没有富爸爸的你，是绝望地、认命地永远安分当个普通人，还是相信自己有能力成为别人的富爸爸？

或者其实你也可以佯装自己有个像戴胜益这样的老爸，如果你相信自己身体里流着富人的血，可能就可以轻易改变你的穷酸气息，让你了解到富二代有你渴求的雄厚背景，但很少人知道的是普通的成长环境，有时候也会酝酿出那些阔少爷永远也求不得的致富要素。

别让贫穷消磨了你的斗志

某个成功人士被问到驱使他脱离贫穷的最大原因时，他是这样回答的："是贫穷带来的无限斗志，以及那个容易激发人们向上的贫苦年代。"

如果你现在正处于困境，恭喜你，因为你正处在一个走向成功的最佳环境。

电影《贫民窟里的百万富翁》中的男主角在电视节目上回答的每一个问题，都代表他从小到大经历过的每一段凄惨故事，他的平凡是命中注定的，但让他得以改变的原因，也正是因为这份命中注定。

上述的某个成功人士，如今是个年营业额上亿的大老板，但是你很难想象，在他小时候，最小的妹妹因为没钱看病而过世。而他也因为没有钱交学费被老师当众羞辱："没钱就不要来上学。"肚子饿到跑去喝水沟里的臭水，身体因为没钱吃饭，虚弱到被一颗石头打到就会倒……但是这样困苦的生活，从来不是他怨天尤人的理由，他从小就立志当游览车司机，而他一路从修自行车、修汽车、开大卡车、开大客车，最后自己成功创业。

在修车的过程中，他认识很多从事旅游业的大老板，间接启发了他日后创业的构想，因为修车而结识的客人，也成为他日后创业的客源之一。

困苦造就他坚忍不拔的个性跟无限动力，同时也成就了他的事业，这恐怕是他当初始料未及的事。真正平庸的人，在被石头打倒的那一刻，想要成功的理想往往也被一并击垮了，很多人乐于当算命师，更乐于铁口直断自己没有富贵的命。

其实想要成功，一开始的起点无须在意，过程全力以赴才是重点。

不向命运低头，出生普通的人也能获得成功

知名早餐店"弘爷"董事长许仓宝有一套奴才哲学，他表示，小时候的他知道为了成功，他必须不断提升自己被利用的价值，但是学习总是需要钱，而他总是能找到不用花钱的学习方式。例如当他想学开车，他便自告奋勇地帮老板洗车，借着每次把车开往水龙头旁的机会，不花一分一毫地学会了开车，他说："年轻的我没有口才、没有人才，但至少可以当奴才，帮老板做事。"

年轻的他，家境非常贫穷，书读得不错的他，却因为家里没钱供他念书，读完高中便北上就业。看着家里有钱的同学一个个去外面念书，也曾让许仓宝感到自卑，但后来他发现学历固然重要，但是贫穷却也是最好的学校。

在当牛奶送货员的过程中，他受到一位企业创办人的赏识，这不但开启了他的创业之路，也成为他最后得以成功的重要转折点。

因为平庸，反而会激发出无限潜能，优渥的环境反而使人没有危机意识。这也是股神巴菲特教养孩子的理念，他说："出生时，嘴里衔着金汤匙，长大后很容易就会变成

插在背上的金匕首，如果只想躺着吃喝一辈子，就将错过挖掘自己人生的大好机会。"

我曾经听过有位富人对遗产税的解释，如果以一亿的遗产来看，第二代继承下来，必须被扣除 10% 的遗产税，也就是一千万，辛苦打拼的第一代会心疼这一千万而想尽办法节税，但是第二代可能就不会有节税概念，因为他们对金钱的使用不会像第一代那么谨慎，更别说一出生就丰衣足食的第三代了。

很多恃宠而骄的富二代、富三代，无法和从小受尽挫折、野心极大的"穷二代"在竞争激烈环境下相互抗衡，又加上很多富人子女成群，不但在争夺财产上耗费过多心力，所分到的钱也越来越薄，以血缘继承家族企业的方式也可能造成企业的衰败，因此造成很多"富不过三代"的现象。

但除了"富不过三代"之外，其实，"穷也不过三代"，因为父母会将成功的希望放在儿女身上，所以即使自己吃尽苦头，也会把大多数的花费都付在孩子的教养上。在这样的条件之下，加上自己对财富的渴望与执行力，"一代俭、二代勤、三代富"，在艰苦环境下的磨难，反而会是一个人可以翻身的最佳契机。

野心：普通人最缺少的是"成为富人的野心"

你或许看过许多别人失败的经历，让你对追求财富心生畏惧；但如果你只是朝许愿池投钱，却不愿意花钱做点投资，想变有钱肯定是有困难的。

想赚钱，格局要大，别只敢去抓眼前的东西，如果不相信自己能做到，不管是求神还是拜佛都没用。

野心是用钱买不到的资产

没人想穷一辈子，然而只有少数人能真的成为富翁。

法国媒体大亨巴拉昂在患癌症去世前留下遗嘱，其中以一百万法郎作为奖金，颁发给揭开贫穷之谜的人。

"谁要是能答出穷人最缺少的是什么，而且猜中我的秘诀，他将能得到我的祝贺"，巴拉昂在遗嘱中说。

很多人寄来自己的答案，内容五花八门，其中多数人认为穷人缺少的就是钱，因为有了钱，穷人就不再是穷人了；另一部分的人则认为，穷人缺少的是致富的机会。

巴拉昂致富的秘诀究竟是什么？

答案竟想不到地简单，穷人最缺少的是"成为富人的野心"，而这个答案是由一个 9 岁小女孩想到的。

野心能帮助你得到想要的东西，是一切成功的起点。虽然有野心的人不一定会成功，但没野心的人则一定无法成功；只有认真看待赚钱这件事，才能真的赚到大钱。

人没有野心会变得如何？

俗话说"人穷志不穷"，但很多人穷得连志气都没了，即使给他一张弓让他打猎，他想的也不是烤肉的美味，而是被野兽攻击的危险，回过头来吃的依然是白菜和稀粥。

　　有个乡下来的民工，辛苦替老板工作了几年，生活始终只够温饱。老板很欣赏这个民工，表示愿意借给他资金，让他自己开一家店。但是民工拒绝了，原因是他认为目前的工作虽然累，但是收入还过得去，也不需要负担盈亏，比自己做生意有保障得多。

　　这个民工最后还是做着原先的工作，生活当然还是只够温饱。

　　故事中，民工遇到愿意伸出援手的老板，却自己推开了机会，将财神挡在门外。他只看见创业的风险，却忽略其他可能发生的事，例如老、病，都可能让他失去眼前的收入。

　　领死薪水的人像是上了发条的机械，只知道一个劲往前走，主动权永远都掌握在别人手里。他们只求日常温饱，总觉得日子过得去就好，害怕收入不稳定会让自己失去明天的饭钱。

　　也就是这个想法，使得很多人忘记了自己的处境，认为只有捧住眼前的饭碗才是实际的，却忽略做任何事都有风险。

没错，投资有可能赔光资本，但是说白一点，就算你只专注于工作，依然抵挡不了哪天经济不景气的时候被裁员。

平庸跟风险一样，如果你心存侥幸，很容易怕什么来什么，一辈子甩脱不了。

《M 型穷人只要钞票不要印钞机》一书中写道："富人要的不是钞票，而是财富背后的自由和机会。"

财务自由指的是"被动的持续收入：日常开销"的对比数值必须大于零，也就是无须为生活开销而工作的状态。一旦达到这个境界，你就可以选择自己喜欢做的事，不用再被账单追着跑；但是缺少持续性收入的话，就算你薪水再高，也只能算是"有钱的穷人"，因为没做就是零。

这样的模式在工作稳定时或许感觉不出问题，你只看得到户头里每个月固定增加的数字，却忽略了自己可能随时会失去它，有时甚至不是裁员，光是经济不景气时的"无薪假制度（No-Pay Leave or Furlough）"就够你受的了。

如果你不想任人宰割，那就快醒醒吧，只靠薪水收入是绝对无法摆脱贫穷的。正因为上班收入仅能糊口，以致下班后还要辛勤地找兼职做，才会有所谓的"穷忙族"和"啃老族"的出现。

《有钱人想的跟你不一样》一书中列出"十七个有钱人的思维"，当中有一条是："有钱人就算恐惧也会采取行动，穷人却会让恐惧挡住他们的行动。"

基本上，投资带来的收入不会因为停止工作而减损，甚至比你的薪水还有保障。但是对于很多人来说，光是看住现有的资产就已经很辛苦了，他们不敢想象薪水以外的获利方式，而有头脑的人有的是把钱甩出去的勇气，以此赚取利润。

新人阿志是个明显的例子。刚毕业的他省吃俭用，但赚的钱光是还学贷和吃饭就用得差不多了。后来为了存钱结婚，阿志致力钻研股市，向家里借了些钱进场投资，两年后如愿脱贫、顺利结婚，目前已和娇妻住进装潢好的新房中。

然而，和阿志同一年入社会的小芸，就没那么好命了。

　　小芸家境中上，毕业时没有学贷的压力，也不必拿赡养费给父母。然而收入不高的她，光是应付房租和生活费就焦头烂额，每到月底存款几乎都是为零，成为典型的"穷忙族"。

　　小芸也想改善生活，然而理财投资对她来说过于陌生，她连碰也不敢碰，只好从生活费中省。至于把钱放在银行的效果如何，相信大家都知道了。

　　透过这两个案例，我想说的是：财务自由是不会凭空降临的，如果只有空想而没有野心，当心有一天从平民变成"贫"民。

　　相信很少有人没听过"金母鸡"的故事，但是大家通常只将它视为无稽的传说。只有拥有头脑的人懂得寻找自己的金母鸡，他们懂得建构自己的持续收入系统，让它每天繁殖金蛋，所以当你还在赚取薪水时，富人已经在创造自己的身价了。

　　寻找属于你的"金母鸡"，不会比当个"穷忙族"困难。而当你成功迎接金母鸡后，钱会自己流进来，而且是钱生钱，生生不绝。

智懒：聪明人的懒惰是能把事情做得又快又好

《富爸爸，穷爸爸》说："整天工作的人，哪有时间去动脑筋赚钱。"这句话就像醒世警钟，敲醒了很多人冥顽不灵的脑袋，让他们体悟到寒酸的生活，竟然是自以为是美德的勤劳惹的祸。

很多人始终想不透，自己明明每天都比别人更勤奋工作，还冒着爆肝的风险天天在公司一边加班一边跟月亮做伴，户头却永远没有增长，每个月都是"清澈见底"。

勤劳本身是好的，但是一味埋头苦干的"愚勤"，就像迷失方向的火车，只会不断奔驰，却永远无法载你到名为"富人"的终点站。方向如果不对，你的努力就只是白费力气。

勤劳便能收获，是职场最大的错觉

我曾经听过一个案例，有位刚踏入职场的新人，经过无数次投简历与面试的过程后，终于进到一家新成立的活动企划公司上班。

他的工作态度非常好，只要有活动，无论是不是自己的专案，都会自动留下来帮忙，平常上班也是最晚走的一个，他始终相信上司会看见他的辛苦，进而照顾到自己的"薪"情，于是上司提出的每一项要求，他都努力地使命必达。

就这样做牛做马过了一年，他觉得自己的辛苦应该要有实质的回报，就主动跟上司商量加薪，没想到对方却说："要加薪就要有实质的绩效，像是业务量增加，或是成本有效降低，虽然你很努力，做了比别人更多的事情，但是并不表示你的个人价值就会增加。"

任劳任怨并不会获得赏识，只会让自己成为逆来顺受的可怜人。

很多人还在践行一分耕耘一分收获的观念，可怜的是，在现今社会就算十分耕耘，有可能连半分收获都拿不到，过时的老旧思维，造成你失足踏进平庸命运的流沙，只能渐渐被吞没。

不只社会新人会误入愚勤的陷阱，连职场老手一不注意也会鬼迷心窍。有位中阶主管在一家公司待了十年，一心想成为高级主管，这样每个月的薪水就能增加不少，因此他每天都很努力加班，连宝贝儿子出生都没时间去医院探望。

后来公司经营不善，他还没升上高级主管，就成为被资遣的头号目标，一下子从月薪十万掉进零收入的窘境，加上岁数已是中年，转职非常不容易，只能同时兼好几份差，用自身健康来换取全家人的三餐温饱。

千里马有再好的耐力，跑了上万公里也难逃过劳死的命运。许多人总是陷入愚勤的迷思，殊不知工作时数与薪资根本是两码子事，就算你24小时都在工作，也无法成为梦想中穿金戴银的有钱人。

不同的是，那些职场上成功的精英往往比其他员工们更懒惰，他们懒得浪费时间去上班、懒得长时间工作，因此他们更懂得如何将事情做得又快又好，和愚勤相比，智懒反而更能成就一番事业。

智懒看似不可取，却能成就不凡

已故作家王大空在《笨鸟慢飞》里，将人分为四种，除了前面提到的愚勤之外，还有形成强烈对比的智惰。

他认为愚笨又勤快的人最不可取，因为本身脑袋就不机灵，以为自己会做事，但看在别人的眼里都是没事找事，而聪明又懒惰的人往往可以明辨是非黑白，能够让社会变得更好。

懒惰一直是为人诟病的坏习惯，虽然是列入人性的七大罪恶之一，但"智懒"却是促成时代创新的原动力。

刚推出触控式荧幕的手机时，大家都津津乐道于省力的打字模式，但 SRI International Inc. 认为声控是未来的趋势，本身既带有绝对价值，也符合消费者的行为与需求，于是 Siri 公司应运而生。

而已故苹果创办人乔布斯在当时也没错过这个商机，只是富人的"智懒"让他不会浪费时间与金钱跟着研发，而是直接收购技术逐渐成熟的 Siri 公司，迅速将其应用在手机上。

这种做法果然再次引爆话题，iPhone 的销售量显著提升，苹果公司营业额开出红盘，身为执行长的乔布斯，不只开创手机的新境界，户头的数字当然也多出好几个零。

没有效益的工作方式对富人来说，等于是被酷刑凌迟，因为他们懒得在同一件事上花太多时间，所以他们会用最快的方式达成目标。

日本生物学家在一项针对蚂蚁行为的研究中，发现大多数的蚂蚁都很勤奋地找食物，少数蚂蚁则是看起来无所事事，一旦遇到食物断绝的危机，这些"懒蚂蚁"就会带领众蚂蚁转移到新的粮食供应地。

因此，"懒蚂蚁效应"归纳出一个结论：懒于杂务，才能勤于动脑。这个原理同样也能套用于富人的智懒。

其实那些优秀的人并非懒得做事，而是懒得做"杂事"，与其花大量的时间做那些无关紧要的鸡毛蒜皮的事，还不如思考要怎么花最少的力气达到最大的利益。

很多人一直深信自身的平庸是由于上天的捉弄以及命运的安排，却没想过命运其实是操纵在自己手中的。不要再找借口将寒酸的生活合理化，如果命运都是天注定，为何有人有机会白手起家变成精英，而有人也会流落街头变成一个落魄行人？

没有什么事情是必然的，从现在开始，你必须摒弃安于现状、得过且过的执念和穷酸习性，不要再把愚勤当作人生的灯塔，而是要将智懒奉为卓越人生的准则。

勇气：你所谓的稳定只会让你不断错过机会

某个知名银行家曾说过一句话："穷人把钱存入银行，实际上是在补贴富人。"而这样的现象，正是导致当今社会贫富差距拉大的关键原因。

很多人的理财概念，都是源自于从小父母教我们要懂得储蓄。

储蓄，乍听之下是美德，但是父母没教我们的是，很多精英其实是乐于贷款买房或是做投资的。

优秀的人宁愿负债一时，把握现阶段的时机，而不是守着大笔财富，或是望着空空的存款，然后在未来不断地悔恨当初没有勇敢做出决策而活在懊悔里；很多人则是只会把眼光放在对未来的盲目期盼上，始终搞不清楚，其实"现在"，才是决定自己成功或平庸的关键时间点。

执着于现在的"拥有"，会让你将来一无所有

成为富人的漫漫长路，必须从现在就开始，如果你始终不敢跨出第一步，和想要达到的目标的距离就永远不会缩短。

安于现状的人可以想出一百个原因，作为不愿将梦想付诸行动的理由。当他们有本钱时，他们畏惧于用这笔小财富投资，因为他们害怕万一失败了，大半辈子的心血就会付之一炬；更别说当他们没有本钱时，就更不愿以借贷来放手一搏了，因为他们始终认为"借贷"是条无法回头的不归路。

其实借贷的好与坏只是一种结果论，其中的区别则要看你如何使用这笔借来的钱，如果你获取的利益高于成本，现在的借贷将是你未来成功的关键。每个人都有成为富人的本领，只是有些人不断地遥想着在未来的某一天，他可能会因为某些契机而致富，可是其实这些机会每天都存在，只是被错误的思维掩盖住了。

优秀的人创造机会，但是平庸的人却不断地扼杀机会。不论现在有没有本钱，富人抓准时机，就会替自己制造成功的机会，像是红遍大街小巷的清玉茶饮，起初也是靠着创办人王柄弦向银行借贷起家的。

王柄弦在换过 20 多个工作之后，发现如果他不从现在开始改变赚钱模式，他只能被动地追着微薄的薪水跑，也永远无法逃脱平庸，于是他向银行借贷一百万，加上自己所有老本，开始他的创业之路。

而在一年多前，王柄弦让清玉从中部一举进攻北部，在台湾的据点从原本不到 50 家暴增到 130 多家，如今单一个据点的月营业额至少就破百万。如果当时王柄弦没有拿出勇气向银行借贷的话，今天在台北街头不会出现排长龙的景象，也不会有靠借贷而成功的"清玉传奇"。

如果你是要以借贷的钱来赚取更多的财富，你就不必害怕借贷。或者换句话说，只要你做的投资，其获利高于成本，你就有资格借钱，而在深思熟虑过后，"现在"就是最好的时机。

在你们羡慕这些成功创业者的同时，你们没有想到的是，成功的背后总有个起点，很多人只会幻想未来，又因为过度的未雨绸缪，不敢把眼光放在当下，没有开始虽然不会让你失败，但也代表你永远跟成功绝缘。

钱的未来价值，取决于"现在"

金钱的价值，会随着时间变化而有所变动。我们第一直觉会想到的是，钞票会因为通货膨胀，导致其价值会随着时间流逝。

矛盾的是，每个人都晓得这个理论，但还是有人会紧紧握着手中的钞票，只敢保守地把钱全部存在银行里，然后眼看着这些钞票的价值越来越低廉。世上成功的人都不会以一种保守的心态去面对市场，因为随着未来物价的持续高涨，你的保守只是让你一次又一次错过投资的最佳时机。

20 年前，你拿着手中的积蓄，你买不起房子，你安分地每天勒紧腰带存着钱，想着未来总有一天不必再当无壳蜗牛，但是现在你发现情况变得更糟，因为你拿着和二十年前相同的薪资，想要买翻涨了五倍的房子，你才发现，20 年前你不敢买房的保守决定，让你依旧还是买不起房子，而且还离置产的目标越来越远。

这个时候你才不得不认命，你赚钱的速度，永远追不上物价上涨的速度。和精英不同的是，很多人没有注意到，虽然钞票会因为通货膨胀而变得越来越没价值，但是货币也会因为时间的流逝而导致其"未来终值会大于现在价值"。不过这样的理论是在金融的基础概念之下，前提是必须经过实际的投资才能够实现，也就是说，如果你懂得投资，金钱随着时间在走，反而会变得越来越值钱。

其实不论什么投资，都一定会有风险，股神巴菲特就曾经表示投资的首要原则为："一是不赔，二还是不赔。"每个人都不愿赔钱，但是有的人为了不赔是采取积极态度，在投资前费尽苦心，然后把握现在的每一个机会；有的人则是消极地选择当一个安分的守财奴，只敢做着有朝一日可能会发财的白日梦。

如果你不从现在开始，想办法以钱滚钱，总有一天你会发现，当下你苦苦守住的大把钞票，到了未来，它的价值将会廉价得可怜，如果你不想看见口袋里的钞票一天一天地变薄，就要先学会把口袋里的钱拿出来。

切记，现在的行动，才是在未来可以增加你手中钞票价值的最大关键。

选择：每一次选择，都会造就不同的人生

　　我曾经在十字路口等红绿灯的时候，看到一位房地产的举牌员，会特别让我注意到的原因是因为他穿得西装笔挺，而且年纪很轻，目测大概才接近 30 岁，一般从事这类工作的人多半是中年以上，甚至是接近银发族的族群，于是我决定上前跟他交谈。

　　这一问，让我大吃一惊，原来他是刚从国内一所大学毕业的博士生，念完博士原本想要挤进大学教职的窄门，但因为职缺早已饱和，转向业界投了几十封简历也同样石沉大海，最后因为学贷压力与生活开销，于是就先来当举牌员。

　　这让我想到之前的"博士鸡排事件"，其实不管是谁卖鸡排，反正不偷不抢，没有人会在乎，只是因为郭董一句："浪费国家资源"，整件事情才闹得沸沸扬扬。

　　或许郭董只是觉得既然都念到博士，为什么不做一些更符合你资历的事，缴了学费，学校教授也花时间栽培，却去做门槛很低的鸡排生意，完全不符合机会成本的概念。

　　选出最适合的机会成本，就有获得成功的机会。

　　机会成本（Opportunity Cost）也称为"替代性成本"，是指在面对许多选项要做决策的时候，被放弃同时又拥有最高价值的方案。

　　只要是两个以上的选项，不管你选了什么，不管吃亏或是占便宜，都会产生机会成本，也就是"有得必有失"的概念。

　　以一开始举牌员的例子来说，一天的工资为800元，若是在业界工作，以博士学历来说，平均一个月薪资约5万元，日薪约为1600元，选择举牌员的机会成本是1600元，若是选择进入业界，机会成本则是800元。

有些人可能会说，这种简单的数字比大小谁都会，要是能选择的话谁都不会选高机会成本的选项，但事实就是你最终还是屈服于现实，选择了让你越来越平庸的方案。

平庸的人总是将选择权交给命运，优秀的人则是将选择权紧握在自己手中。

如果已故的苹果创办人乔布斯，当初是跟着父亲的脚步去销售车辆，而不是卖电子商品，现在就不会有"苹果帝国"，而且以现在的发展来说，每个人一定都觉得乔布斯去卖车子的机会成本太高了。

机会成本越低，表示损失越少，选择也越明智。不过有时候不一定能正确的衡量机会成本的高低，像是假日要去爬山还是去海边，不管选哪一个都无法将机会成本量化，只能由内心的满足度来评估。

无论机会成本如何变动，最重要的是你选择了什么

我曾经听过一则案例，有位从事行政工作的上班族，相对于同事在下班后去兼差赚第二份薪水，他则是选择在下班后参加一些管理与创业的讲座及课程。

很多有兼职的同事跟他说，现在每个月薪水三万就还不错，要是你下班再去兼另一份工作，说不定一个月就有四万元，不但可以存到一些钱，还可以出去玩跟吃美食，何必花那些钱去上课，让自己的生活过得这么辛苦。

但他了解，每个月一万的兼职薪水乍看之下还不错，但谁知道以后的整个大环境会变成什么样子？

如果去参加课程的机会成本是一万元，那下班兼职的机会成本就可能是以后创业的收入。

每一次的选择，都会造就不同的人生，安于现状的人因为短视近利，只会贪图眼前的安逸假象，通常是用"我立刻能得到什么"这个方向去思考，而不像富人一样将时间轴拉长，把重点放在"如果我选了这个，会对未来有怎样的影响"。

因此，同样是在机会成本中做选择，但结果完全是天壤之别。

每个人的机会成本不一样，有的人是鱼与熊掌不能兼得，而有的人无论再怎么挑，都是一些劣质选项。

另外，"不可逆"是机会成本的特性，经由每一次选择造就的不同结果，都无法再回到尚未选择的时候。因此，在企业内部做重要诀策时，机会成本也是绝对会被列入考量的条件之一。

机会成本没有正确或错误的概念，只看你认为值不值得以及愿意负担什么成本而已，虽然说是成本，但实际上并不会造成账面上的损失或收入，只是做决策时的一个参考。

前 Google 全球副总裁李开复曾经说："在成功的道路上，每个人都有选择的权利，不要把一切归于宿命。"

很多人一直活在无法替自己决定人生的幻想中，仿佛自己是电影里的悲情主角，一切都是人在江湖身不由己。当你脑中只有固执的思维时，不管你选什么，结论不是"继续平庸"，要不然就是"变成比现在更平庸的人"。

只要你真正下定决心改变自己的观念，彻底摆脱宿命论的纠缠，保证你的机会成本一定可以升级到"非常有钱"或是"超级有钱"。

小贴士

机会成本

机会成本（Opportunity Cost）是做决策时，没有被选上且价值最高的选项。

机会成本又包含两个部分，一个是显性成本，另一个是隐性成本。显性成本也称为会计成本，代表自身要付出的货币代价，而隐性成本是舍弃选项中能得到最大回报的代价。

举例来说，李教授想参加欧洲七天六夜的旅行团，但出国的一星期就无法授课。假设出国旅行的费用为 20 万元，授课的收入为 5 万元。

如果李教授决定出国，那他的机会成本就是 20 万 + 5 万 = 25 万元。若他留下来授课，金钱上就没有损失，只是得不到出国旅行的满足感而已。

舒适圈：永远不要失去改变现状的勇气

有一只刚离群的年轻雄狮，在有机会独自闯荡前，就被人类抓进笼子、送到马戏团里。狮子从此不再狩猎，不必再为了觅食而烦恼，改学习跳火圈之类的杂耍本事。

过了几年，马戏班解散了，狮子被放回原来的草原。狮子正当壮年，却完全不晓得如何在草原生活；它发现在马戏团里学的技能完全无法用于野外，而且那些和自己同时离群的雄狮，早已各自组成了狮群，当起草原之王了。

年轻人不该太早选择安逸的环境

如果你还年轻，在还没有社会经验前就进入稳定的大企业工作，那你就是上面故事中的狮子。表面上，好像是你努力赚取每一分回报，然而你所拥有的一切，其实都是别人给予的。只要有一天这个"给予者"抽身离开，或是你被剥夺了"受雇者"的身份，你就等于失去了一切。

或许在马戏团营收好、顾客多的时候，狮子曾有过风光的日子，而更大的诱惑是狮子得到了那些草原上同伴没有的条件：饮食无缺也不必风餐露宿，这样的环境下，原本再尖锐的爪和牙都会渐渐变钝，并且忘记狩猎的本能；只有跳火圈的技巧越来越熟练，但就算身怀这样的技能，只要离开马戏团，就变得一点用也没有。

马戏团就是狮子的"舒适安全区"。对身处大公司的你来说，或许认为现在的情况称不上舒适，毕竟公司常逼着你加班或"跳火圈"，然而真相是，你已处在比外出谋生的人更稳定的环境中，免去了生存本应面对的风险。

安定的环境带给我们"此生圆满"的错觉，错以为世界以公司为中心运转，凡事以公司的利益为优先，期待有朝一日能被提拔到仅次于老板的高位。

当你安于当一名受雇者，就等于接受自己只是颗小齿轮，完全得照定义好的轨迹运转。你看不清机房的全貌，只能固守自己运行的方寸之地，撇开成就感不谈，你已经失去了客观竞争的能力。

对长久待在舒适安全区里的人而言，面对不熟悉的事物或挑战，很容易感到不适，就算后来有心离开，这样的不适感还是会再度驱使你回到舒适安全区中，就像被圈禁久了的狮子不想再离开囚笼。最近，一名友人脱离高压的科技业，进入一家贸易公司担任 IT(资讯科技人员)的工作。

起初，由于新工作较原本工程师的职务轻松，朝九晚五的日子让朋友如鱼得水，但这种日子过久了之后，朋友认为生活缺乏挑战和前景，于是再度到求职网站搜寻职缺，可是不同于上一次的顺利，这一次他惊呼："怎么每个工作都这么困难？"

我建议他赶紧换个工作，这是典型在舒适安全区里待久了，竞争力下降的警讯。这样的环境若继续待下去，不仅无法发展个人的长才，更让工作变得枯燥乏味，虽然没有风险，但却再也不会进步了。

甘于只当技术人员，就要有随时被取代的准备

所以说优秀的人学管理，平庸的人才学手艺。

技术再好，始终只是为人作嫁的"手艺人"，一旦出现更年轻、更厉害的技术者，就只能面临被替换的命运。

我不是说专业不重要，而是在追求技术的精进时，必须转换想法，引用褚士莹在《给自己10样人生礼物》中的看法就是："只要让自己成为一个有专业的人，'生存'就变得很简单了，钱不够的话，总是再赚就有，工作没了的话，总是再找就有。"

你必须像离群的雄狮在辽阔草原上行走，具有带着你的"手艺"远行的勇气，这样才能在瞬息万变的环境中生存。

一般狮子在离群后，会只身在草原闯荡，也许一开始四处漂泊流浪，过着有一餐没一餐的日子。但是在这样的过程中，打猎的技巧会日渐成熟，并结识同样流浪的母狮繁衍幼狮，开始以家族为单位展开狩猎行动，久而久之，会形成一个强大的群体。

经过此番磨练的狮子，会成为名符其实的"王者"。这样的狮子拥有实战淬炼出的尖齿与利牙，甚至在统领群狮后，不至于因为安逸而失去斗志，懂得为可能发生的危机储备体力。

年轻人需要向中小企业学习的，就是这样的能力和见识。比起在大企业待到退休才能看尽职场百态，小型企业就像一台微缩厂房，能从较全观的角度看待事情的运作，更容易发现问题的症结。

对不甘只当一颗小螺丝钉，积极的想要变得成功的人来说，小公司的高机会、高风险相当适合你。

此外，中小企业容易受大环境的影响，经济环境就好比草原上的气候，气候不佳时，待在马戏团的狮子能不受影响；面对恶劣气候的冲击，草原上的狮子势必面临食物减少的生存压力，但是当气候再度好转时，度过饥饿危机的草原狮子，将有机会成为主宰狮群的新一代王者。

小贴士

舒适安全区

心理学上的一种精神状态，指人对所处环境和习惯产生依赖，并且久处在这种安适的状态，因而丧失危机意识。舒适安全区（Comfort Zone）会带来非理性的安全感并产生惰性，造成人们将倾向于待在目前的舒适安全区内不想再离开。

举凡因转学而适应不良的孩童、不愿改变工作模式的老职员，或者出国还坚持要吃家乡菜的游客，都可说是因为脱离舒适安全区而产生排斥，急于寻求安全感的案例。

尼特族（NEET，指非受教、非受雇者）就是舒适安全区极小的例子，有甚者会把生活范围框限在一个房间之内，形成以自我为中心的舒适安全区。

如果一个人走出自己的舒适安全区，就表示他必须在新的环境中发展出不同以往的行动方式，也面临新的挑战。

成功的人通常能承担风险，他们会主动离开舒适安全区以追寻新的目标，并建立属于自己的收入系统。

目标：没有准确的目标，就只会制造更多沉没成本

"政大博士生卖鸡排"的新闻，引起广大争议。

刚开始"鸡排博士"宋耿郎顶着博士光环，成功打响知名度，新闻媒体也争相报导，"行行出状元""鸡排博士勇敢走出自己的人生"……将这件事塑造成一种追求生命价值的励志故事。

到后来又因为被郭台铭批评而一夕爆红，连带使他的鸡排生意一并翻红，业绩跟着水涨船高，但是在这样貌似成功的、看来很有商业头脑的创业故事背后，却是一个职场精英们怎么样都不可能去做的亏本生意。

你想想，一个人辛辛苦苦、耗费庞大资源地念到博士班，这些年来的劳心费神先不说，光是他所缴的学费就是笔相当庞大开销，难道最后这些付出的代价，就只是想要换来一个"博士生帮你炸鸡排"的噱头吗？

人生没有目标，学历越高，损失就越多

当初念到政大博士的宋耿郎，放弃五万元的助教工作，不顾众亲友反对，执意回到老家台中卖鸡排，先不管他背后有什么不得已的原因，这样的行为就是不懂"沉没成本"的典型案例。

鸿海集团董事长郭台铭说："这人待在学校念书念那么多年，国家是补贴很多钱的，他念到博士，却选择从事高中学历就能胜任的炸鸡排，造成资源浪费，应该支付'教育资源浪费税'。"

但其实除了教育资源的浪费之外，鸡排博士在自己身上所损失的成本，更远远超过你我想象。

因为在他计算每天营业额的获利时，除了要扣掉基础成本（例如水电费、店面租金、人力成本）之外，他还必

须加上别人没有的"沉没成本"。

这些已经付出，而且不可回收的成本，不只是实际上的财富，还包括你耗费的时间、体力、精神等等，我们都知道，一个人念到博士的代价，比一个念到初中就毕业的人还要高很多，念博士所花费的成本已经成定局，在他的学历对事业没有特别助益的状态之下，这位鸡排博士所损失的成本高得吓人。

也就是说，同样是卖鸡排，博士生所耗费的成本，却相对地提高很多，因此，鸡排博士必须卖出更多倍的鸡排才有办法回本。

而且，博士鸡排店会爆红是个偶然，因为如果没有郭董的金口一开，这家"博士鸡排店"其实就和一般夜市里名不见经传的鸡排店没有两样，离回本之路就更加漫长了。

或许，在宋耿郎决定要念博士时，他没有计算沉没成本的危机意识，他并不知道将来他可以怎么利用在博士班所学的技能赚钱，才能用最快的速度拿回之前所耗费的成本；而在他要放弃原本的助教工作时，他也没有考虑过，他必须得卖多久鸡排，才可以支付他从初中念到博士班的花费。

"好好念书，以后才能赚大钱"，很多父母以为，省吃俭用地给孩子最好的教育，逼孩子拿到最高学位，就可以确保他未来衣食无忧，甚至还能带领整个家族过上好生活。

但是如果对未来没有一个准确的目标，越会念书的孩子，只是在制造越多的沉没成本而已。如果今天宋耿郎念的是企管、行销一类的科系，卖鸡排还勉强说得过去，但是偏偏他念的是保险、法律这些跟鸡排八竿子打不着的科系，这样无意识累积沉没成本的行为，跟直接把钱丢到水沟没有什么分别。

总之，很多人念书，走一步算一步，就像现在的大学生害怕毕业就是失业，就用鸵鸟心态继续考研究所、硕士、博士，还安心地以为念的书越多，将来赚到的钱也会越多。

由于很多人都是盲目地没有规划地死读书，对未来就业根本毫无帮助，这样一来，钱没有赚多少，肩上所背负的债务，反而还比大学毕业的人更庞大。

不要做没有意义的投资

富人如果在投资的过程中，发现这项投资对未来不会有帮助时，他们会选择及时抽身，不会盲目地陷在里面做无谓的挣扎。

你以为你很会念书，第一志愿不填台大法律系好像很浪费，但是你不知道的是，你这一填下去，就代表你未来一定得当个律师，假设你未来没有十足的把握要以律师为业，你浪费的就是你怎么数也数不尽的财富跟生命成本。

富人在做任何事情之前，都会以"耗费最少成本，获取最大利益"作为最重要的考量，而且所做的事，不会离开自己所定的目标。

郭台铭对鸡排博士的批评，显现出郭董的富人思维，他的疑惑与不满并非没有理由，他认为博士生卖鸡排是浪费教育资源，也等于他认为这样学无所用的学习，是一项对未来最无利的投资，"如果要卖鸡排，为什么不早一点去卖，为何要念到博士班？"

相对的，以鸡排博士宋耿郎来说，如果他有富人思维，他不会在花了大半辈子研读法律之后，才发现自己未来根本不想以此为业，而在三十多岁才决定要转换跑道。

其实，没有一个人的志向会是"念到博士，然后去卖鸡排"，宋耿郎之所以会陷在这样的处境里，就是因为他从头到尾都没有考虑过沉没成本，没有好好选择该投资什么、不知道什么是对自己最有利的，最后他不能用这项技能当作生财工具，也没有办法把投资了大半辈子的才能发挥得淋漓尽致。

所以对未来没有助益的投资，应该尽早设下停损点，不要让盲目跟迟疑造成你未来怎么还也还不清的庞大债务，只好注定一辈子平庸。

小贴士

沉没成本

　　人们在做投资时（不只是股票、基金等投资，也包括日常生活中的买卖），必须先投入的资源，称作沉没成本（Sunk Cost）。"沉没成本"常常和"可变成本"拿来做比较，前者代表"已投入而且无法回收、改变的成本"；后者可以被改变，而在生产过程中可以增加或减少生产因素。

　　有些沉没成本会随着时间的流逝而不断增加，例如当你买了一辆车，在你开始使用这辆车的时候，这辆车就会开始折旧，折旧的过程就等于是在累积沉没成本。假设你使用几天之后，在二手市场卖掉，卖出的价钱跟原价之间的价差，就代表实质上的沉没成本。

　　不过，一般来说，沉没成本很难用实际的数字去计算，因为它还包括你付出的时间、体力、精神等无形的资源。以一般买卖来说，如果今天你买了一件衣服，选购衣服所花的时间、金钱，就是你的沉没成本。基于"增加使用频率就会降低沉没成本"的概念下，这件衣服你穿得越多次，你的损失就越少。

失败：不经历失败就无法获得真正的成长

"成功的人会从错误中得利，并用不同的方法再试一次"，戴尔·卡内基如此说。

但是，很多人一遇到失败就吓得像惊弓之鸟，只想用最快速度逃离现场。因为无法承受失败带来的挫折感，致使他们没办法面对自己犯错的事实，只能借由逃避让自己心里觉得好过一些。

久而久之，他们的心中就筑起一道"多做多错，少做少错"的贫穷之墙。

相反的，优秀的人会将失败当作检视自己一举一动的明镜，他们认为犯错并不可耻，只是一种让潜在问题更快浮出台面的方式，若能借此累积经验值，便是"顺利诚可贵，犯错价更高"的最好证明。

犯错并不可怕

很多人应该都对投报率（Return on Investment）耳熟能详，所谓的投报率就是计算你投资多少，经过一段特定时间能够回收多少的比例，但计算犯错与最后结果的"犯错投报率"可就鲜为人知了。

"犯错投报率"其实跟一般认知的投报率差不多，都是"（期末净值 – 期初投资）÷ 期初投资"，只是差别在于后者的期初投资是金钱，而前者的期初投资是"犯下的错误"。

世界上大部分人拥有的犯错投报率都是"负值"，因为他们只要犯错，就会停止一切行动，不会积极解决问题，而是任由它越来越严重，导致最后产出的净值趋近零甚至是负数，最终只能夹着尾巴逃回自己原来所生活的小圈圈。

我曾经从一位大老板那里听过这样的经验，因为家里的热水器已经用了很多年，常常忽冷忽热，于是他就请水电行找工人来安装一台新的热水器，在施工过程中，那位工人一直眉头深锁，心中似乎有什么不快。

那位大老板忍不住问他是否遇到什么问题，对方才开口说，原来十年前他曾经投资股票失利，白白损失了二十万，这件事始终让他耿耿于怀，还因此罹患忧郁症。

大老板听了，叹口气说："十年前的事你还计较，你这十年都白活了。"

犯错和悔恨，是很多人心中解不开的、成本很高的结，他们不能原谅自己竟然做出愚蠢的事，一直纠结在"我竟然犯了错"的情绪里，就算经过很长的时间，还是久久无法释怀。作茧自缚的结果，就是永远陷在过去的错误里，一辈子都无法往上爬得更高更远。

相对于很多人一犯错就停滞不前，富人则是将犯错视作成功路上的红绿灯，是必经的路段之一。若是事业不顺导致亏损一百万，他们就会想尽办法从这次错误中，得到经验和启示，去赚回十亿，因此，富人的犯错投报率几乎都是"正值"。

平庸的人在犯错中只体会到"惨赔",优秀的人则体悟到"解答",这种无价的经验,不但可以当作往后解决问题的强力武器,从过程中得到的能力与领悟,也远远超过之前所损失的金钱或物质。

从犯错中学习自己不懂或不知道的事

很多人不知道,佐丹奴这个服饰品牌是由黎智英一手创立的,最初他只是凭着冲动与自信开始营运,但年年亏损,让他觉得如芒在背。

其实他大可以认赔杀出,但他不愿意臣服在犯错之下,于是决定全心经营佐丹奴,除了巡视每间店面直接了解销售情形以外,还建立能分析消费者消费行为的网路系统,在与内部员工沟通的方面,也下了一番功夫。

就这样,在他抢救品牌的过程中,黎智英悟出了"简化哲学",他认为每个人应该都要聚焦在问题本身,沟通也要直截了当,如此一来工作目标与流程都能变得更简单,更容易做到最好,而这套方法在他往后事业多角化的跨领域管理上,也发挥了很大效用。

平庸的人犯错后，总是聚焦在"犯错"，优秀的人则是会思考犯错究竟为自己带来什么，有可能是名声一落千丈，或是损失大笔财富，也有可能是用钱都买不到的"最佳启示"。

裕隆集团董事长严凯泰，在 2005 年与美国通用合资，在台湾成立股份有限公司，看似荣景将至，没想到竟然亏损连连，三年便将初期投资的资本全部赔光，虽然后来一度增资，却又逐渐面临财务黑洞。

雪上加霜的是，美国通用在 2008 年金融大海啸时宣布撤资，为了分得更多市场大饼，严凯泰决定积极布局国内通路，势必将旗下的自有品牌"纳智捷"推向更大的市场。

然而，西进过程中遭遇了很多出乎意料的失败，但严凯泰将每一次的错误当成跳得更高的助力，每一次的犯错都是为了避免日后出现更大问题的不同尝试。在大大小小的合作项目里，他也得到如何在市场立足的最佳解决方案，为整个集团开拓了新的气象。

每个人都梦想着能跟富人一样赚大钱，却不愿意正眼去看犯错所带来的恐惧，以及学习富人将犯错转化为无价经验的能力。

凡事碰到问题就逃避，遇见错误就放弃，平庸的人总是告诉自己，一切都是命中注定。既然如此，每个人最终都要面对死亡，为何你还要为了不让自己饿死而努力工作？

许多人口口声声的认命，其实只是不愿面对现实的虚伪口号。

命运并没有你想象的这么神秘，它其实能被掌握也可被改变，前提是你必须愿意消除那个让你吓到脚筋发软而无法前进的穷酸习性，并打从心底相信自己拥有扭转自己命运的能力。

某位成功人士说过："犯错很像被车撞到，会让胸口闷痛，脑袋空白且焦虑不安。"有人因此再也不敢犯错，但有人却会选择让车多撞几次，等他习惯了犯错后的苦痛，他就能从犯错中挖到金矿。

认知：没有注定的 loser，只有自认的懦夫

俗话说："龙生龙，凤生凤，老鼠的儿子会打洞。"而普通人的儿子，就注定普通吗？

平庸也是会遗传的

俗话说"富不过三代"，意思是如果没养出成才的后代，不管眼下有多大的富贵，不出三代就会败光了。可见富贵要传过三代，是很不容易的事。

那平庸呢？

对一般人来说，平庸不是什么需要维持的事，大家都

想从平庸的水坑往外跳，却没有多少人能跃上龙门，只求不要沉入水底没顶就行。

想延续成功难，但要送给子女平庸却很容易。

大部分人家的孩子，除了特别不讨父母喜欢，或是父母亲过于忙碌、没有亲自教导孩子，否则若是得到父母的"真传"，多半还是会贯彻父母的生活方式，这辈子继续平庸下去。

小唯今年二十出头，刚从学校毕业，家里希望她能准备考教师或公职。但小唯认为自己还年轻，不想立刻把人生投进死气沉沉的公家体系中。她的父母却不这么认为，他们有着公职等于"铁饭碗"的观念，认为经济不景气、民间企业靠不住，自己创业又太没保障。

我问小唯，她家族的亲人中，难道没有事业有成、能作为学习对象的案例吗？小唯摇了摇头，表示自己的家族从祖父母、外祖父母起就都是军、公、教职，从无例外。这令我大为惊讶，想起古代有职业世袭，没想到现今社会竟还出现了公职家族。

当我再深入了解，我才发现小唯的祖辈和父辈都很会念书，家境至少小康以上，也要求后代能接受高等教育。然而代代熏陶的结果，只得出一个"公职才有保障"的观念。

此外，小唯家除了把钱存在银行，也没有理财投资的观念，理由不外乎是"不安全"和"投机取巧"。而小唯本身也没有投资的概念和胆量，对于未来要做什么，始终犹豫和彷徨。

从小唯的例子可以看出，后天教育对理财观念造成的影响。许多家庭教出来的孩子，容易受限于资源和观念而承袭父母的一些不良的生活态度，有些甚至是习惯使然，而这样的习性经常是根深蒂固、难以改变的。

因此，常有父辈死赚钱、死存钱，却终其一生都只能延续平庸，甚至自命清高地把"如何平庸"的持家观念"传承"给下一代，造成贫穷也世袭的现象。

《穷二代富二代》一书中，提醒我们一个重要的观念："没有注定的穷人，只有自认的贫者。"但如果你深以自己的穷人身份为荣，那么这整本书对你一点意义也没有。

没有"贫穷基因"，只有"穷人习性"

《穷人与富人的距离0.05mm》一书开篇的标题是："只有无法改变的穷脑袋，没有无法改变的穷口袋。"

俗称"贫性循环"的世袭贫穷现象，在发达国家中屡见不鲜，其发生的原因被归咎于"强者恒强、弱者恒弱"的弱肉强食法则。

然而，我个人以为，这世上并没有所谓的"贫穷基因"(否则那些白手起家的大老板们都是"突变"了)，无论赤贫还是负债，贫穷都不会遗传给下一代，真正会持续到下一代的，其实是"穷人习性"。

我们可以从吃饭这件事上，简单看出人与人之间的差异：许多人从小被教育不能浪费食物和挑剔菜色，只要能吃饱就好；精英们就算面前摆满精巧的美食，取用每种食物还是点到为止、概不多取，这是为了能遍尝各种菜色。

"不会饿死就好"和"多方尝试"，两者在本质上有多大的不同？很多人教育小孩背熟课本，而精英们却已经鼓励孩子多方阅读、增加见识。

平庸不是命定的，但很多人的后代容易因为先天观念的缺陷，影响后天的竞争力，造成没见过大世面的孩子抓不住机会，继而沦落到世代平庸的现象。

另外有些"高尚"的人，不喜欢钱，并常把"金钱不是万能"挂在口边，但是手边常"两袖清风"的穷脑袋，如何会懂财富真正的意义？

他们不懂金钱的价值，就像"白天不懂夜晚的黑"，既没有失去过，也不会想铆足全力去追。更让人无奈的是，这些人的后代也养成仇富、排富的心态，因而断送了向富人学习的机会。

其实相较于可以轻松起步的富二代，大部分人的弱势仅在于起跑点低，像是眼界窄、知识贫乏、人脉少，这些都还来得及累积。

若是能接受和认同富人的逻辑，就像《塔木德》提到的："想变得富有，你就必须向富人学习"，只要勇于跨出第一步，每个人都有翻身致富的机会，甚至得到"富人习性"的宝贵经验。

　　只是很多人，终其一生都无法认清这一点，只是重复依循着穷酸习性，认为唯有"勤俭"才是正确的持家之道，并将其延续到下一代的教育上。

　　如果普通人的思维在你的脑海里已经根深蒂固，那么我建议你及早地改变自己，不要让"宿命"成为你不努力的借口。

　　因为，大环境永远不会为某个人的意志所改变，想脱离世袭平庸的命运，就要试着融入这个以富人为轴心旋转的世界，并且以他们的方式思考，厘清从"平庸"到"优秀"的距离，找出造成你平庸的原因。

　　目前的社会就像食物链一样，只有"大鱼吃小鱼，小鱼吃虾米"，抱怨无法改变什么。引用《穷二代富二代》中一段诚心的建议："当你是一条小鱼的时候，你抱怨大鱼的残忍毫无用处，只有让自己变成大鱼，才能雄霸海洋。"

挫折：只要能再站起来，没有人会在乎你跌倒过多少次

前王品集团董事长戴胜益曾经说："成功不是第一个出发的人，而是最后一个倒下的人。"

他曾经勇敢走出家族事业的羽翼，这是他第一次选择让自己"失业"，如果他当初选择在家族企业里工作，选择过安稳的生活，他不会历经"九死一生"（九次创业都以失败收场，最后一次才一举成功）的胆战心惊，但是也不会成功地建立王品集团。

成不成功是结果论，只要最后的结果是好的，没有人会在乎你在成功的道路上究竟跌倒过多少次。

你是怎么看待"失业"的？

如果你以为失业就是像日本男人一样，每天假装和平常一样出门上班，但实际上是躲到公园里郁郁寡欢，逃避亲友家人的异样眼光，那你一辈子都没有办法有所作为。

许多人以为，失业就是失败，但是如果你不敢接受这样的失败，认为被解雇就等于是万念俱灰的判决，或是逃避失败，宁愿一辈子屈就在一家小公司里，那你就只能准备一辈子过着每天虚无度日、领着微薄薪水的生活。

不敢换工作？等于在耗费自己的生命

现在很多年轻人常常会在一边工作时，一边大声嚷嚷着好想换工作，但其实大部分的人都没有勇气真的离开，可是如果你知道你注定总有一天会离开，那我劝你趁早抽身，因为，失业有时候是你成功的转机，前提是，你要能让这些失败，成为你未来成功的经验值。其实失业不过就是离开一个不适合自己的地方，如果你硬是待在一个不适合自己的地方，这才是真正的失败。

我有个朋友，在职场十多年，曾经主动请辞过，而每一次的原因都不同，包括同事间处不来、公司制度不健全、升迁没有未来性等等。

每次当他确定自己不适合这份工作时，在审慎考量后，他都会直接请辞，因为他知道，再继续待在这样的环境下，自己不快乐的心态，只会让他永远无法有动力前进，导致一辈子都只能做一家公司的小员工。

例如，他之所以会辞掉第一份工作，是因为他发现自己在这个领域没有特别专业的能力，比不上别人，在适者生存的现实下，他只好选择离开；然而，这次的离开也更让他认清现实的残酷。第二份工作他决定转战金融业，他开始逼自己苦读，考上两张证照，在一边工作、一边不断学习的过程之下，他快速成长，在金融业也闯出不错的成绩。

一般人做到这样，可能会安于这样的生活，但是两年后他却主动辞职，因为他认为那家公司格局太小，未来对自己不一定有利，所以，尽管主管强力慰留，他还是执意离开。

后来他自己创业，当了老板，算是小有成就，他告诉我，这样不断失业的过程，外人看似不稳定，但只有他自己知道，这是可以淬炼自己最好的方法，因为在他面临每一个新工作、新环境时，他也等于必须重头学会许多技能，这样的动荡，反而是成就他未来工作的关键。

失业，让你可以不用做一只井底之蛙

一路顺风的人生不是好事，台湾知名乐团五月天就表示："我们的成功，是失败的累积。"

再举一个因为不断失业而成功的例子。

现在在台湾讲到章鱼烧，很多人都会直接想到"日船章鱼小丸子"，这家章鱼烧在台湾拥有两百多家直营店及加盟店，每个月可以卖出五十万盒章鱼烧，在海外也有百余家分店，足迹遍及香港、美国、加拿大等地，全球有四百多家分店。但是这样成功的背后，却是老板张世仁在工作上不断碰壁的结果。

张世仁的父亲从事制作汽车水箱的行业，在当时几乎是垄断台湾汽车水箱的市场，家境富裕的他，从小并不喜欢念书，压根儿没有料想到自己在未来会创业。

在他退伍后，因为不想接管父亲的事业，他开始自己找工作，他的第一份工作是汽车业务，专门卖卡车，但是因为缺乏社会历练，也没有做业务该有的身段，一开始的业绩，连同事的一半都不到，在上司压力跟自己无法从中获得成就感的原因之下，他的第一份工作只做了半年，就自己主动提出辞呈了。

后来因为学历的问题，他能找到的工作总是脱离不了业务的范围，但每次都因为无法突破做业务的瓶颈，始终没有一个稳定的工作。此时他开始检讨自己，为什么始终脱离不了失业的命运，他发现是因为自己不愿意突破工作瓶颈，再加上本身性格实在不适合做业务。

厘清原因之后，他开始有了自己创业的想法，当时章鱼烧在台湾正流行，于是他赴日学习做章鱼烧的技巧，无奈的是，当风潮一过，没有特色的章鱼烧，让他再度尝到失败的滋味。

但是由于前几份的工作，让他知道，每次遇到挫折，他就选择逃避或放弃的态度，就是让自己始终无法成功的原因，于是他下定决心，要靠章鱼烧闯出自己的事业高峰。

为了研究出台湾人都爱吃的口味，张世仁整整研究了一年。自己试吃到口腔起水泡、全身过敏起疹，他都不在意。

最后，终于研发成功，成功征服台湾人的味蕾。

而这样的成功，可以说就是他从失业的挫败中，找出的成功秘诀。

如果张世仁当初接掌他父亲的家族事业，可能一辈子都能过着安逸的生活，但也可能会被之后窜起的同业比下去，从此一蹶不振。

但不管最后是什么结果，不可否认的是，当他没有经历过自己出来闯荡、失败的过程，他就不会知道，不论做什么事情，首重恒心与毅力，而当他没有办法了解到这样的处事态度，他就永远会被自己狭隘的眼光局限在狭小的框架里，一辈子成不了大事，更不可能靠着卖章鱼烧致富。

UNIQLO 创办人柳井正就曾经说过："世界上没有十战十胜这样恐怖的事，实际上，我们是一胜九败，也就是说，做十次要有九次是失败的。"

富人乐于失业、接受失业，因为他们相信，在每一次的失败中都蕴含着成功的秘诀，有效运用失败的经验跟教训，作为下次成功的养分，并且随时准备下一个可能上场的机会，才是成为富人的积极态度。

视角：你可以像富人一样思考

有句话说："记账是理财的第一步。"

于是许多人盲目地听话照做，乖乖地在账本上记下每一条收入与支出，以为这样就等于拿到精英俱乐部的入场券，结果过了好几年，还是只能过着缩衣节食的生活，除了身上数十年如一日的穷酸味，身后还有一堆债主追着跑。

为什么记账会让人越来越平庸？

因为记账会让人成为事后诸葛，查账则会让人洞烛机先。

很多人总是在数字上做文章，只是加一块减一块就像发生什么大新闻似的，这样的观念，只能计算眼前拥有的收入与支出，而无法衡量未来的资产与负债，因此就只好在加加减减的小钱中庸碌一生。

富人不会把时间花在没有效益的事情上，他们不记账，但必定按时查账。单纯加减的数字游戏，对他们而言，一点用处也没有，衡量金钱的关键，应该要从"比例"开始。

很多人的金钱观念，认为钱是等差级数，不是赚一元就是亏一元，但富人的观念是等比级数，转眼之间就已赚了好几座金山银山。

想打开财富之门，先了解"毛利率"这块敲门砖

举例来说，同样类别的商品促销，A 电池从原价 100 元降为 50 元，B 电池由 200 元降为 150 元，一般人只会注意到不管买哪一个都可以省 50 元，但富人在意的是 A 电池的降幅是 50%，B 电池的降幅为 25%。

仔细想想，降价比例越高，有可能是企业想用削价策略杀出重围，也有可能是为了减少库存压力，当然也不排除因为毛利率变高，能忍受的降价空间变大，对富人而言，说不定有机会成为股票界的印钞机。

对富人来说，毛利率（Gross Profit Margin）是很重要的评估指标，它代表着一块钱的收入能够产生多少的效益，当毛利率越高，代表营业成本下降，或是生产效能提高，也可以说是企业获利能力的提高。

只是现在很多产业的毛利率都已经摊在阳光下，当上游供应商与下游零售商都知道毛利率是多少，要想获得较高的毛利率也越来越困难。

有位大老板跟我分享过一个案例，因为平常工作太忙，好不容易有闲暇时间，他就带着老婆参加一个尊荣欧洲十日游的旅行团，因为是专门接待金字塔顶端的客人，吃住都很顶级，行程也是精挑细选，所以团费也不是普通人能负担得起的数目。

出团第一天，大家礼貌性地交换名片，职称不是总经理就是董事长，唯独一位穿运动衫的先生独自站在一旁。那位大老板好奇地问他在哪里高就，对方笑着回答："我是卖猪肉的，目前还没有名片。"

此话一出，大家都惊讶不已地围过来，从来没有人想过卖猪肉竟然可以卖到跟企业家一起花大钱旅游。

那位先生又接着说："你们的毛利率大致上厂商心里都有底，但我的上下游厂商不知道我的毛利率有多少，这就是赚钱的秘诀。"

一般来说，像生物技术、工业电脑、电信等产业，毛利率通常比较高，而代工业相对较低，总是常常被开玩笑是"毛三到四"，但有原则就一定有例外，像晶圆双雄之一的台积电，就曾做出毛利率为 49% 的好成绩。

口袋多深怎知道，就看多少"每股盈余"来报到

毛利率是评估企业营运能力的指标，而每股盈余是口袋能装多满的风向球。

每股盈余（Earnings Per Share）是借由税后利润与发行股数，反映出企业的获利能力，比例越高，表示创造之净利越高，分发的股利也有可能会跟着变高。

股神巴菲特认为稳定长期收益是赚钱的条件之一，短

期的杀进杀出，一味从差价中赚取蝇头小利，并没有办法有效地累积财富，因此他的获利来源通常是每年的分红配股或是股利分配。

很多人只会计算逢低买进、高价出售之间的价差，而富人则是掌握持续不断的财富源头。

虽然每股盈余大致上可以作为股利的参考，但还是必须做长期的观察，建议投资前可先观察过去十年的波动，若是起伏不定，很可能就是"景气循环股"，获利会随着经济景气不景气与淡旺季变动；如果变化较小，表示企业获利稳定，不容易受影响，可作为长期投资标的之一。

除了观察历史走势以外，还可搭配现金流量表相互参考。现金流量表（Cash Flow Statement）顾名思义就是现金在一段特定时间内的变动情形，有些时候会发生每股盈余很高但钱却没有回到企业本身的情况，这种账面与实际的出入，就有可能会踩到比鸡蛋水饺股更惨的地雷股。

大部分人对于投资的态度都比较消极，总认为辛苦钱很容易就化为乌有，宁愿每个星期都去吃美食，至少是花在自己身上。相对于他们的想法，富人则是会将钱投进食品股，不但每年都有钱拿，还可以让自己维持苗条的身材。

如果你想变成有钱人，你得先知道有钱人都在做什么。有钱人想的跟你不一样，做的也不一样，如果你不观察不学习，以为用固执的大众思维就可以为自己的身价翻本，这根本就是痴人说梦。

不过，想要成为有钱人并不难，你只需要把自己原有的思维升级成有钱人的习性，虽然刚开始一定会发生程式不相容的成本，但最终的毛利率一定会让你大呼值回票价。

第三章

舍得之道：

你能走多远的路，
取决于你能看到多远的风景

如何实现从月入三千到年薪百万？靠的不是运气，而是一个人的眼光和选择。这世上每天都有很多人匆匆碌碌地生活着，他们不是缺少实现梦想的能力，而是因为他们连自己的梦想是什么都不知道。

心态：不要为自己找理由，请承认自己的局限

"让我们陷入危机的不是无知，而是看似正确的谬误论断。"——马克·吐温

在普通股民的圈子里，我们经常可以听到"百分之百"或"绝对"等字眼。老实说，所有的猎人，都在等会说这种不经大脑思考的狂言的猎物出现。

尤其是在商场或金融市场中，如果有人敢说出这种武断偏激的言论，那么，他不是猎人，就是钱太多而等着被宰的猎物。

我说过，赌场对付新来的客人，刚开始都会给对方一点甜头。

商品市场和金融市场，也是如此。

我曾分析过台股 20 年来的统计资料，每当主力或外资全力做多，把指数往上拉时，散户都是不敢进的。

等到媒体和众多分析师都大力敲边鼓，法人都赚到钱，整个市场氛围和大盘气势都在继续往上攻时，散户们终于受不了心里的贪婪驱使，开始跳进去，而且不停加码。

不幸的是，主力和外资永远和散户站在对立方，当散户都进得差不多了，融资余额也创新高时，市场就瞬间崩盘，而且跌势短则几个月，多则一年。这就是资本市场的催眠效应，凡人很难破解，更难从中脱身，除非你完全脱离这个市场。

同样的道理，国际知名投资银行，每次推出新的投资组合概念，像什么 X 砖四国或新兴市场大爆发成长基金，也总是透过电视杂志和网络等强势媒体，密集洗脑投资人，再搭配银行理财专家或投资信用顾问，把基金卖出去，但事后证明，许多基金投报率不如预期，消费者也只能摸着头认赔。

因此，富人之所以成为富人，主要是他们很了解这种催眠效应,也早养成习惯,不会碰触那些被强力推销的商品,更不会听信把投报率说得很高,或把绝对获利挂在嘴边的人。因为所有的投资都有风险,就算你跟着巴菲特买股票,也是如此。

不幸的是,根据我的观察,大部分的人,一遇到啦啦队或靓妹帅哥灌迷汤,瞬间就会失去十倍理智,自信也提高十倍,风险意识完全被大脑卸载,无法发挥功能。

根据研究,90% 以上的投资失败者,都是在大脑亢奋,自信心很高,对于投资前景和商品走势很乐观,失去风险控管能力,表面上是睁开眼,事实是,他自己也不知道,自己是在鬼遮眼的状态进场投资的。

然而,人性的弱点是,一旦投资失利或工作挫败,人们不会承认是因为自己太乐观没有风险意识造成的,他们会怪罪别人,怪大环境,如果都没有东西可以怪,就怪自己运气不好。

因此,商品社会里的有钱人和有心人,要赚你的钱是很容易的。只要他们想办法让你的大脑产生莫名的自信心,你就会接受他们的暗示去消费,去做投资或买各种金融商品。接下来，一切的发展都会很顺利，他们也不用推你，因为你会自己一头热地跳进"油锅"去，还会到处介绍给亲朋好友。

等到时机成熟，猎人自然会出来撒网收割。这就是商品社会运作的方法，表面上靠的是金钱，事实上，推动整个猎杀运作的是"心理"的力量。

相信我，基本上商品社会的世界，就是一座大猎场。如果你没有富爸爸让你一生下来就是猎人，那么，你就是准备被人宰杀的猎物。我们都没有选择，都身在这座猎场中，就算你不想成为富人，也要懂得避开猎人的陷阱。

如何判断对方是猎人还是好人？

很简单，就看他是否会让你产生莫名的自信。如果会，就要提防甚至避开，断掉利益关系，不要不好意思。

这个习性富人都必然会有的，否则他们无法活到现在。你想成为富人，就开始培养这个习惯吧！

习惯：卓越的不是你的能力和行为，而是习惯

古希腊哲学家爱比克泰德（Epictetus）曾说过："不是环境造就了人，环境只是让一个人透出本性的显影剂。"

早在两千年前就已经有人告诉你，为什么有些人可以摇身一变成为社会精英，而很多人却永远也摆脱不了平庸的命运。

当你的手边一有多的零钱，不管 10 元、50 元就立刻存到扑满（古代人民存钱的一种容器）里，每隔半年或一年再拿出来仔细清点一下，里面可能会有一两万元，不过这样就算是存到一笔资金，就代表善于理财了吗？

　　以前我的公司来了一个大学刚毕业的新人，做事很认真又很打拼，一心想要白手起家变成真正的有钱人。

　　他带着刚入社会的一股拼劲，强迫自己每个月薪水扣掉房租水电生活费等固定开销，一定要省下 8000 元存起来。

　　就这样，他为了达到自己预设的目标，几乎过着和公司其他同事的步调明显格格不入的生活，很少看到他和同部门的同事一起出去吃饭建立关系，我常常看到他每天只吃两餐，一餐是大卖场的便宜冷冻水饺，另一餐是泡面，这种比苦行僧还要苦的日子过了一整年后，他的银行户头里，好不容易省下了一笔 10 万元的资金。

　　有次我问他，为什么要过这种苦哈哈的生活，他振振有词地表示，希望能够"省"出人生的"第一桶金"，我只反问他："难道这样一天只吃两餐，天天吃泡面的日子，你要重复不间断地过上 10 年吗？"

　　也许你会说，难道他未来 10 年都不会升官加薪吗？他的薪水不可能从 20 岁到 30 岁都维持在两万多元原地踏步吧？只要工作累积了年资，应该就能摆脱这种只吃泡面充饥的"苦修"生活了吧？

事实上，整个世界经济都在走下坡，各经济体都在印钞票，直接造成通货膨胀压力，无形之中，我们的薪水每一天都在不断地贬值，许多人不但没有被加薪，还等于强迫变相"减薪"。

简单说，如果他在公司薪水的涨幅，跟不上通货膨胀的速度，或许，就算他未来天天三餐都吃泡面，吃上一年也存不了10万元。

后来这个新人听了我的提点，突然有了"启发"，他想起家里长辈都把省下来的钱拿去银行定存生利息，发现这种最简单不费功夫又可以让钱生钱的方法非常适合他，便决定把省吃俭用的10万元拿去银行定存一年。

听起来好像是摆脱贫穷的开始，不过我更怀疑，在这低利率，甚至是负利率时代，定存真的能让他在30岁之前致富吗？

简单算一下，他拿10万元去银行定存，以现在银行定存的年利率约1.5%换算下来，一年定存的利息只有1500元，等于他的财产平均一天增加不到5块，他只要随便在超市里面买一罐养乐多，在银行的10万元定存就等于白存了两天，因为都被一罐 8 块钱的养乐多抵消掉了。

　　老实说，定存不是安全且没有风险的投资方式，真正的有钱人，没有一个是靠着银行的定存利息而致富，把薪水拿去银行定存，不但不会成为你的聚宝盆，还会让你自以为保险的投资理财在不知不觉中蒸发了。

　　储蓄是一个人的本性，敢于逆这个本性，才有走向成功的可能。

　　老一辈的人常说："储蓄是种美德。"这句话仅仅在提醒你不要把手上的钱拿去吃喝嫖赌乱花掉而已，却不是让你"从无到有"致富的明灯，所谓的"美德"，不过是一种良好的习性修养，却不是让你变得有钱的成功秘诀。

　　如果你一天只花 100 元的话，你的定存本金要准备246 万，你的财富才有可能每年慢慢增加，但现在有哪个在外地打拼的上班族平均一天只花 100 元的？随着消费者物价指数不断增加，手中的 100 元也变得越来越薄，当你连泡面都快吃不起的时候，有钱人的世界对你而言，就像是希腊神话一样遥不可及。

如果你平均每天的开销是 300 元的话，那你在银行定存本金就要有 733 万以上，这就是为什么有钱人不会靠着把现金存进银行作为钱生钱的途径，因为这和挖个洞把钱埋起来的结果是差不多的。

希腊哲学家亚里士多德（Aristotle）曾经说过："我们重复不断的行为造就了我们，卓越不是一个行为，而是习惯。"

亚里士多德从小就在一个贵族家庭长大，他是一个拥有富人思维的人，而早在两千多年前，他就已清楚"习惯"之于"卓越"的重要性。

根据统计调查指出，虽然有钱人和一般民众的财富大多来自工作所得，但是有钱人投资理财所得占个人财富比重的 15%，而一般人只有 10.4%，这个数据显示出有钱人的财富会渐渐摆脱固定工作收入，他们投资理财的比重会逐步提升，而富人的投资报酬率也比一般民众还高出许多。

有些人说"现金为王"，但是大部分有钱人的习惯，不是当一辈子的"守财奴"，他们不会让自己手边的现金处于满水位的状态，也不会把这些钱拿去银行存起来换取每年微薄的利息，有钱人总是不断地寻找合适的投资标的来抵抗通货膨胀，这才是真正钱生钱的概念。

随着经济环境的恶化，通货膨胀和 CPI 指数就像变了心的爱人，永远也回不了头，我们随时可能遭遇金融海啸，甚至是失业等各种无法预期的状况。

这时候想要死里逃生，甚至东山再起，就要有逆本性的胆识和作为，不幸的是，99% 的人都不敢逆本性去反向操作。

毕竟，世上的富人只占总人口的不到 1%，如果你现在是站在 99% 这边的人，想必无法一夜之间就换掉身上的不良习性，但话说回来，只要你有心，慢慢练习，慢慢改变思维和习性，假以时日，你就有机会挤进富人的行列。

行动：走出自己的舒适安全区

一个人的不良习性实在太多，我也无法一一点出。

然而，想脱贫翻身，挤入有钱人的电梯，你真应该用心练习，如何去克服以下这六个在投资理财时，常人都会有的心理弱点，进而反向操作，去赚那些无法克服者的钱。

羊群效应

这就是大家说的盲从效应。

每当媒体或投顾老师出来喊话，或者市场呈现景气繁荣氛围时，甚至出现"擦鞋童现象"（一种股市理论，意指当擦鞋童都在讨论股票投资的时候，就是股市交易达到最高峰之时，之后就会下跌）时，任何想赚钱的人，都会莫名地被感染，打从内心完全相信，现在可以进场投资，或者企业主加码添购设备，大肆展店，这种行为就是羊群效应。

或许大家都听过，但听归听，99%的人都还是不自觉地被牵着鼻子走，等到市场瞬间崩盘，才无奈地惨赔出场。

为什么会有人抵抗不了这种效应？

因为，他们内心相信，大部分人的决策都是对的，越多人选择的，就不会有问题。再者，看着大家赚得口袋鼓鼓的，贪婪心自然升起，很难不跟进去。我自己年轻时，也好几次被市场氛围催眠，跟着追高买股，结果当然是挥泪惨赔。此外，我有些开店的朋友，也在股市上万点时，就去借钱买机器扩大营业或开分店，可想而知，不到半年也是认赔关店。

片面认知

这个人性弱点每天都在上演，例如，理财专家他们只会给你看一百个案例中成功的三个，其他的你都看不见，往往你就会依据这个不完整的资料，认为对方说的都是真的，进而拿出钱包进场。

或者，你自己买了 10 只股票，只有 2 只获利，你也会只认同获利的 2 只，然后把其他 8 只当成是意外，或别人的错。

尤其在投资基金或股票时，当价格区间带是 8 到 10 元时，你一旦买到 8 元，接着涨到 10 元，你就会认为自己赚到。相对的，如果你买到 10 元却跌到 8 元，你就认知自己是亏的，就不爽地出场。

事实上，不管你怎么买，持有成本都是 8 元，就算买到 9 元或 10 元，以长期投资来说，都是同样有获利，但如果你主观认定，只有先买到 8 元才是占便宜，这只是你个人主观的片面认知，没有任何客观意义。

不过，如果你无法看清这个人性弱点和心理陷阱，你就无法克服这个盲点，经常见树不见林，患得患失，每晚都失眠，注定无法变得优秀。

短视的恐惧

有位股市名家说过："赚趋势富可敌国，赚价差或可小康。"

大多数人之所以不想做长期投资，主要是害怕手中的商品会有短线的亏损，而这种亏损的感觉和情绪，会让他们坐立难安，生不如死。

因此，只要投资的商品稍有获利，哪怕只有几百元，他们就好像身上有几千只蚂蚁在咬，非要把商品卖掉，入袋为安，才能快活过日子。

我和他们聊过，他们之所以会如此恐惧，是因为以前有赚的时候没有跑，后来价格又跌回去了，让他们天天捶胸顿足，甚至想要在神明前发誓：下次有赚再不出场就砍手来祭神。但我跟他们说，这种有赚又缩头的事，我也常遇到，但不能因为一两次缩头就永远只赚出头微利。

因为，不管是股票或基金，每次进出手续费都不便宜，再者每次都只赚小利，根本不可能脱贫翻身，不如不要投资，也省得心里煎熬又损手续费。

他们听了也都觉得有道理，点头称是，也说要学着克服。但试了几次下来，他们都投降，说自己注定只能沦为平凡。

我也只好随他们意，不敢强求。

高估自我的错觉

赌场坑杀新手的 SOP（标准操作程序），一律都是先让新手吃甜头，根据人性心理，一旦有了获利，信心大增之后，风险危机意识也会降低，如此才会不停加码，出手越来越重，直到身家全押，就会被赌场一次坑杀活埋，永世不得超生。

同样的道理，市面上很多教人投资理财的书，或是投资顾问的专案分析，一旦你先小钱进场，浅尝甜头，接下来你就会高估自己的实力，出手大方，信心满满地进场。可想而知，你不是进场去当炮灰，就是要含泪抱着残存的零钱退场。

几乎每个进入商品社会的新手，都曾犯这个错，我也不例外。

我有个朋友是期货高手，他光靠期货就赚了一栋房子。

但有一次他竟然在盘中大亏，他不信邪又进场，又是大亏，他整个人崩溃，再也不摸期货。

我问他是否"鬼打墙"，他却说太高估自己了，前几年他惯用的交易模式，想不到遇到现今的国际乱象，完全不管用，加上他太自信，完全没有风险意识，不停加码拗单，才会损失惨重，几乎输掉两栋房子。

心肌梗塞式的后悔

许多投资老手和专家，尽管有丰富实战经验，交易技术也是一流功力，却经常输在情绪障碍，我就看过不少老手，因为犯错后悔而心肌梗塞过世。

如果你想通过投资来改变自己，就要练就一个习性和功夫，那就是，让后悔停在嘴巴即可，不要往心里去。

否则，战场上形势多变，胜败如吃便当一样，每天三餐外加夜宵，随时出现，如果每败一次就要气一次，干脆不要进场。

后悔分为两种：

一是该做没有做，例如，眼巴巴看人家跟着媒体上车赚钱，你没有进，什么都没捞到；二是不该做的却做了，例如，太早获利出场，或是太早认赔杀出。然而，不管是哪一种，过去的错误尽管要检讨，但不要卡在心里，必须养成这种习惯，因为，这是富人早就看得很淡的家常便饭，你不跟上，就认命当个凡夫吧！

几率催眠

老实说，太多的人只看投资顾问或理财专家，或是杂志、电视的几率数字，就完全没有抵抗地被催眠了。

切记，就算专家分析出某个商品的上涨几率有90%，那也只是预估的几率，并不代表获利保证。因此，无论如何你不能当真，把身家全押上，相对的，就因为几率没有百分百的保障，所以你要进场，也一定要有停损和避险的规划。

据我所知，我身边就有不少朋友，因为理财专家手上的精美报告中，有着迷人的几率数据，他们就掏钱买商品，但总要等到净值一直降，手机中的亏损简讯一直来，他们才想起报告最后一页，印着小小的字写着：投资都有风险，须自负盈亏。

心魔：如果你懂得理性的贪婪

我有个朋友，第一次买了股票留仓后，焦虑得一整晚睡不着，第二天一开盘，他也不管是涨是跌，立刻卖掉出场。

后来，他又改换低价股，只买一张，但每次只跌一档，他又吓得立刻卖掉出场。

我的另外一个朋友，是股市老手，但他每次看到有便宜可以捡，也不管价格冲得多高，就冲进去买，偶而一两次让他得手，但总是赔多赚少。

我问他为何改不了这赌徒性格，他却说，他无法控制他的贪婪。

贪婪和恐惧，千年来一直是人性的弱点。

不仅是股票买卖，在商场或职场上，当我们要做出任何和自己利益有关的决定时，这两个力量总是会干扰我们，让我们做出错误决策。

尤其，心理学家指出，当人正面临亏损时，做出的决策往往是不理性、不合逻辑和不符合自己利益的。

每个人都如此，我刚开始做投资时，也常被这两个心魔撕扯得不成人形。我访问过许多成功企业家和投资高手，问他们是如何不被这两个心魔干扰和绑架恐吓的。

其中有个商界老手说，这种功是用一堆钱和时间练出来的，有的人练到生理失调，有的人练到家破人亡，也有人练到负债累累，然而一旦练成，这辈子就不愁吃穿了。

老实说，他们说的功我也练过，我的体悟是，练功的要诀是要用心去看出贪婪和恐惧的"弱点"。

所谓的看出弱点，就是根据经验和各种讯号，来判断出眼前的威胁和利益，到底是真是假。这种功法，不仅在股汇期货上很好用，在做生意或做其他投资，例如，房地产和贵金属等，在判断未来走势上，可以有很大助益。

如果你有心进入资本市场或商场这个江湖，你就必须练好这些基本功，否则你就等着当炮灰，任人宰割。

因为，当你看不破眼前让你恐惧或贪婪的，到底是真是假，那么，你就会砍错单或追到天花板，下场就是认赔杀出。

许多白手起家的商界成功人士，成名一役都是在大家恐慌逃命时，逆向进场，或者在大家追买狂欢时，逆向放空。

当然，不是所有的低点都可以进场承接，也不是所有高点都可以放空，如果你无法看出其中的弱点，贸然进场的下场，就是赔钱，甚至赔掉人生。

话说回来，如何练成这种功夫，我无法给你标准的行为准则，一切必须靠自己的用心和经验。相对的，你也不一定要拿血汗钱去试，只是你必须有这个观念，以及开始学着分析判断，那些让你感到恐惧或贪婪的事物，到底是真是假？如果找不到弱点，就是真？有弱点，就一定是假？

我说过，成败来自人性，贫富始终来自习性。

如果可以克服自己的人性弱点，加上运用好的习性来练功，我上述的那个股市新手朋友，他就可以判断他的股票下跌，到底是真跌破或是假跌破。

如果只是假跌破，那他就不应该出场，甚至要逢低再买个几张，如此才能真正获利。当然了，如果是真的被主力出货，就算跌到二档也要跑。

另一个股市老手也是，虽然他是老手，但只要一被贪婪鬼遮眼，就会失心疯乱追高，原本他多年经验练出来的操盘功力，就会破功。同样的道理，他只要改掉这个坏习性，用心去看每个贪婪背后是否有弱点，才不会白白当炮灰。

事实上，所有的交易都需要克服这两种心魔，街坊邻居的大妈买黄金，许多上班族存了钱也会去买外币，都是一样的道理。

我说的这些功法，有钱人都在练，也都是高手，但他们不见得会告诉你这个要诀。

你当然也可以练，但你练到什么境界，就看个人的努力和悟性，最重要的是要懂江湖中的这个功法，如果你实在不适合练这个功，那么，你就远离商场和市场，别让自己成为炮灰，也是好事。

圈子：圈子决定你的层次

我曾经看过一个很有趣的统计，大部分的人都认为爱买名牌或过度消费，是一个人无法致富的致命伤。

但回头仔细想想，你有听过哪一个有钱人会因为每天抽古巴雪茄，或是买了一台千万跑车，最后造成他们穷困潦倒破产的例子吗？

钱只会越藏越少

我的家族里有一个长辈，他在年轻的时候去找人算过八字，算命先生告诉他，他的命格是"财星要藏，藏财丰厚"，这八字箴言的意思是，就算你有钱，也不要过有钱人般的生活，你这辈子的财运必须要用藏的，才能变富有。

他听了算命的话之后深信不疑,坚守"财不露白"原则,从不在外数钱,不办信用卡也不借贷,不把金钱放在同一个地方,甚至从不和旁人谈论和钱有关的话题,从来没有人知道他的财务状况如何。

这个长辈过了几十年小心翼翼东守西藏的日子,到了年届退休的时候,才发现他的财务成绩单根本交了张白卷,户头里只有一笔少少的退休金,临到老年还没有什么谋生能力,只能去当大楼管理员,用劳力换取微薄的薪水贴补家用。

这就是一个人身上看不见却又根深蒂固的"贫穷习性"。

在日本经济尚未复苏前,曾经被称为"失落的二十年",一般民众过于谨慎不敢消费,结果造成通缩和失业率升高的恶性循环,这也是日本经济长期死气沉沉的原因之一。

很多人总是不自觉地认为,把钱拿来消费和娱乐会让他们变得堕落,也会因为"钱财露白"连带成为让人觊觎的肥羊和眼中钉。

不久前,有人针对富人的想法做过问卷调查,结果发现富人和一般人对消费的认知截然不同。

对有钱人来说，平日花钱买奢侈品不会让人变穷，赚了钱买有质量的产品是天经地义的事情，真正会对他们的财富造成巨大冲击的，是高杠杆高风险的投资。就如巴西富豪埃克·巴蒂斯塔（Eike Batista）以 300 亿美元的净资产雄踞全球富比世富豪榜第七名，才短短一年时间，因为集团子公司投资判断失误，财富在一夕之间蒸发，最后反而还欠下了 20 亿美元的巨债，从天堂跌落地狱。

我们常常听到别人会形容富人是"含着金汤匙出生"或是"少奋斗三十年"这样的话，以至于很多人总是一厢情愿地认为富人之所以有钱，无非是因为他们生来命好，或是他们台面下都用偷鸡摸狗的手段累积财富。

虽然一个人的身世或机遇会带来许多好处，但是，真正影响一个人优秀还是平凡的关键，还是在于一个人看事情的角度和生活方式。

富人花钱，除了虚荣还看到需求

很多人都想要过着和有钱人一样的生活，但却始终用穷脑筋空转，而没有去深入了解富人的习性。

什么是富人决定购买奢侈品的主要因素呢？是冲着名牌还是实际需要？根据统计，全球富豪有 78% 的人将"产品的品质"视为他们购买的第一考量，而不是标签上的价格。

有人说："有钱人开的不是宝马车，开的是身价；喝的不是法国名酒，是拿破仑的豪气；贵妇拿的不是 LV 包，是富太太的面子。"

照一般人的想法，少买等于多赚，因此买台法拉利进口跑车是奢侈炫富的行为，购买高价奢侈品就像是种原罪，会让你作茧自缚，从此陷入无法自拔的欲望深渊中。

事实上，对富人来说，消费奢侈品的目的除了享受美好的生活之外，他们往往还能够创造出更多的需求和价值。

我有一个朋友 K 先生，他可以说是新一代白手起家的年轻代表，有一次他跟我分享自己真正致富的转折故事。

K 先生在大学毕业之后，原本在市中心闹市区做流行饰品的网拍小生意，经过几年的打拼之后，累积了一笔资金，他打算经营其他国家的珠宝饰品的进出口代理，也通过熟人介绍建立了很多人脉，希望有机会能够拓展业务的合作。

刚开始会有人邀请他去参加高尔夫球聚会，没去两次，K先生发现自己在这个圈子几乎搭不上话，或是当他们在私人会所聚会时，他发现往来的人都在聊一些"天语"——他听都听不懂的话题，久而久之，别人有活动也不再找他。

K先生感到非常挫败，因为他做的是进出口贸易，人脉就相当于财富，直到后来，他才知道问题出在哪里，原来他总是开着自己在大学刚毕业时买的二手国产轿车代步，紧守着学生时代的习性与思维，这反而让他无法打入另一个阶层的社交圈。

于是K先生毅然决然换了一台豪华进口轿车，开始去体会"当有钱人"的感觉，学习从有钱人的消费习性来思考问题，后来在一次圆桌聚会中结识了一个日本珠宝商，两人相谈甚欢，一拍即合，从此打开进出口贸易往来的契机，他也从做网拍小生意，真正翻身变成青年创业有成的代表。

韩国三星集团的创办人，过去在公司处境最为艰难的时候，仍然坚持购买最高档的豪华进口车，为什么他不省下这笔看似不必要的开销？原因就在于他希望在逆境中找到东山再起的机会。

很多人喜欢冲动购物，却又比别人更看重眼前蝇头小利；富人虽买奢侈品，但眼光却是放在未来长远且数百倍的实质利益上。这就是二者在本质上的差异。

当然了，如果你连房租都交不出来，千万不要举债去买进口车和名牌包，我不是要你只包装外表，而是要告诉你，当人有了存款，有了事业后，接下来很重要的关键，就是他的精英气质和习性。

策略：赚钱不是在玩金钱游戏，而是在玩心理游戏

"魔鬼藏在细节里。"

其实，很多成功企业家都知道这个真理。

不幸的是，很多人即使听过这句名言，到现在还不知道，为何自己拼了命赚钱，到现在还是一穷二白？

试想一下，一间开在闹市区的店，门前人来人往，却忽然从门内冲出一只恶犬，对着上门的客人狂吠，还会有客人想进去消费吗？

不幸的是，有客人向店主人反映，店主人却只是把狗

套上链子，然后继续在店里哀怨，为何生意这么差？

别让"穷人习性"抹杀你的血汗心力

不只有钱人爱钱，相信每个人都爱，只是爱的方式不正确，所以钱和你渐行渐远。

有一位大老板向我反映，某牌车的业务员服务草率，建议大家最好别买该牌子的车。

我好奇这位业务员究竟做了什么，为何让大老板气到跳脚？

原来这位大老板看中一款价值三百万元的车，原本高高兴兴要下订单，却在试开的时候发现了问题：该车附赠的卫星导航版本过于老旧，显示屏的像素过低而且操作不便，遥控器比家用电视的选台器还大，还要一键一键输入注音符号，更扯的是，业务员一口咬定这是原厂配备，所以不能更换。

一台价值三百万的名车，却只愿意附一台低像素"马赛克"状的 GPS，再配上超大遥控器一把，还真是名车配上三流服务，难怪大老板如此生气。

我想这位业务员的行为并非出于吝啬，而是一种不懂得站在客户立场去思考，去将心比心，而且怕麻烦的心态：百万名车本身质感就很好了，价格也很优惠，只是一台GPS 就别太计较吧！

这么说也许还不够全面，让我们再试想一下这样的情况：

主妇到市场买肉，如果肉贩称肉时抓了一大把，又一次次把肉往下拿，跟一开始只拿一部分，再一块块把肉往上加，两种动作给人的感觉如何？

前者让人感觉到吝啬、斤斤计较，老板称来称去就是不肯吃一点亏；后者的感觉是这家的肉斤两实在，老板似乎还附送了不少，感觉物超所值。

虽然最后所买的肉是一样的量，但一个细微动作的差异，就影响了顾客对商贩的观感。

从上述的两个案例，可以看出在做生意时的致命盲点：不管无心还是有心，只要让顾客感受到你对他吝啬或马虎，就等于告诉顾客"下次别再来了"。除非你不需要把货往外卖，否则建议你还是收起惯常思维所养出来的猛犬，换上一只亲切的招财猫吧！

很多人只能看到眼前的金钱

我的一位女性友人曾经抱怨过，某些保养品牌会派人用问卷的手法在大街上拉客人，再用"现在买最便宜""买到赚到"的话术和"缠功"，让人半推半就地买下商品。我不禁好奇：这样大力推销的商品，使用起来效果如何？"不怎么样！"友人忿忿表示。

这种"非让你买不可"的态度，通常只能拉到初次上门的客人，下次要想这位客户再度光临，应该是难之又难。

反观专柜的保养品牌，柜姐不会站在门边拉人，但是会在顾客主动询问时，详细地介绍，并且乐意提供试用服务。友人回想在专柜消费的经验时，有些不好意思地表示："试用一堆，只买了一小罐。"

试用过程中，柜姐一再强调不必有负担，"产品满意再买"，亲切的态度使友人受宠若惊，似乎不买点东西都不好意思了。

其实，做生意的人如果眼光长远，要的应该是附着性高的回头客，而且最基本的，就是任何行为都不能对商誉（对个人来说就是形象）造成不良的影响。

很多人之所以穷，原因在于自身思维导致的短视近利，为了眼前的小利，不惜杀鸡取卵。

富人的富，则是经营讲究细水长流，知道投入越多越能钓上大鱼，准备昂贵的饵，是为了使顾客心甘情愿上钩，还可主动做口碑宣传。

不幸的是，有些人做生意，心心念念只顾自己的利益，一点小钱也要据理力争，不愿吃一点亏。

富人则认为，做生意不能一开始就只想着替自己赚钱，有时要舍弃小我，让人人都得到好处，你的"财路"就会越走越宽。

香港首富李嘉诚的名言："假如你拿 10% 的利润是合理的，拿 11% 也不为过，但是如果你只拿 9%，就会财源滚滚来。"

以下这则是我多年前听到的故事，发生在某知名饭店的一场晚餐。

主角是一名上班族青年，为了向交往多年的女友求婚，他预约了这家五星级饭店，并在事前寄了一封信给饭店经理，说明自己的需求和手里有限的预算。

到了当天，青年带着女友来到饭店，两人受到服务人员礼貌的接待，并被带到预定的位子。这时青年吃了一惊，因为服务人员竟带两人来到最高级的包厢，并且端出最精致的菜肴。感觉时候差不多了，青年打算向女友求婚时，饭店又适时安排乐手演奏浪漫的音乐，并准备了漂亮的花束让青年送给女友。

女友深深地被感动，最后答应了青年的求婚。

晚餐后，青年怀着忐忑的心情到柜台结账，当他准备面对巨额的账单时，柜台只交给他一封信。

这封信来自饭店的经理，先是恭喜他完成人生大事，接着表示为了庆祝，今晚的一切费用由本饭店买单。

我们不难想象青年的感动，正是这样的周到和贴心，使顾客在感动之余，日后更愿意再次回到这家饭店，也会带更多亲友来饭店消费。

我说过，事业成功的富人，深知商品社会世界里，要赚钱的关键，不是在玩"金钱游戏"，而是"心理游戏"。

我遇到许多平庸的生意人，他们都了解这个道理，但在面对顾客时，他们却都反其道而行，原因很简单，我之前也说过，他们都说自己就是做不到大气，更无法接受被顾客占便宜。

相反的，他们还说，只要有机会，当然要坑杀客人，谁会放着眼前肉不吃，平白放生，这种事他们做不出来。

我的一位朋友开伴手礼店，但生意很清淡，我明白告诉他，店门口那只又凶又丑的土狗仳在那里，谁敢上门?

想不到他却反而骂那些顾客太胆小，他说那只土狗生性善良，不会乱咬人，要咬也只会咬坏人，不是狗的问题。

我听了再也不想浪费口舌，结果不到半年，朋友的店就关门了。

本心：你能走多远的路，取决于你能看到多远的风景

作家兰德曾经说过："金钱只是工具，它可以带你到任何地方，但不能取代你掌握人生方向盘。"

一个普通人和一个优秀精英站在同一起跑点，拥有相同的资金，一段时间过后，所造成的结果却是截然不同的。

为什么会这样？因为，普通人看的是眼前利害，有利就踩油门，亏损就踩刹车，这样子进进退退的，油都耗光了，脚也酸了，车子还在原地。

精英则是把眼光投向前方，他们掌握的是趋势，所以，他们只要顾好方向盘，让车子慢慢前进，自然可以到达目

的地。

当你拥有 10 万元时，你会怎么使用它？

财富的用法有千百种，以投资来说，就有基金、股票、外汇定存、黄金存折、银行活期定存等方式，但是你有办法将这些理财方式全都摸得透彻吗？

许多人的思维，讲好听一点是简单，但实际上就是无知，他们想要成功的方法，不外乎是想凭借着一时的运气，快速地累积财富，他们不愿意从这些投资手段里，寻求对自己最有利的方法，而是想要一步登天，只在单一的选择上做无谓的着墨。

而精英能掌握钱的流向，在同样的资金下，他们会衡量利弊，在不同时间、不同环境之下做出对自己最有利的抉择，看似无往不利，但其实是他们在多重选择之下的成果。

选择性多，是得以成功的关键

精英为了达到一个目的，会为这个目标设下很多种不同做法，并在权量得失后做出抉择，即使只是生活中枝微末节的小事，精英也不会只用单一思考去行事。

关于"贫者越贫、富者越富"的社会现象，有人提出了一个故事说明出现此现象的原因，如果在故事的开始，我们将所有财富都平均分给所有人，但是这个没有贫富差距的社会，不到一个小时就会开始失去平衡。因为是一样的财富被不同的脑袋所使用，会造成不同的结果。

例如在这一小时之内，有人用这笔钱买了一碗面，饱餐一顿；而有人却用这笔钱开了一家面馆。很多人会想着要填饱肚子，用钱果腹；而精英会想着该怎么用这笔钱发展自己的事业。

没钱的时候，大部分人只会省吃俭用，他们脑中所想的，就只是要怎么运用有限的资源过上最安稳的日子，他们不敢痴心妄想自己有机会运用这笔钱创造出什么伟大的格局。没钱？不过就是减少开销就好，在这样消极的想法下，普通人永远被现状牵着鼻子走。

但是精英会有很多种选择，借着和大部分人相同的条件之下，这些选择让他们可以随心所欲地控制自己的财富，他们是在掌控钱，而不是为了生活被钱掌控。

例如同样是负债，精英可以靠着借贷让他的人生翻盘，但是很多人靠着借贷，却只会让自己的经济问题雪上加霜。

这其中原因在于，精英有办法将"负债型消费"转成"资产型消费"。我曾经听过一个故事，同样是受政府补助的低收入户，其中一个人会运用政府补助的两千元去购买日常用品，因为他想着，在有一点财富的时候，先维持生计再说，但是一天天过去，他永远只能靠着领政府救济金艰苦度日，这是较为惯常的思维模式。但是富人会用两千元去发展出许多可能，评估每一项选择，可能他最后的选择会不只一个，但绝对不会只是果腹、买生活用品那样的直线思考，而是用这两千元创造更多的两千元，带他脱离贫穷。

在同一个起跑点上，如果你没有办法在每一个转弯处掌控你的人生方向，只是不断地受金钱控制而做出每一项抉择，那你的人生就注定被财富困住，没办法有所作为。

狭隘的眼界，让你无法决定自己的方向

有一句话说"穷人追涨跌，富人看趋势"，说的就是普通人的盲目跟从。

电影《夺命金》中，在银行投资部里充斥着各行各业的顾客，他们来到这里的目的，就是设法为自己的未来买一个保障，或是以钱滚钱，赚取更多获利。

在片中对一切投资都感到茫然的娟姐，只会盲目地听从投资顾问的意见，而当时她的投资顾问因为业绩欠佳，便怂恿一直以来都只愿做定存的她买下高风险基金，最后碰上股灾，导致娟姐赔上存了一辈子的积蓄。

我们会发现，在这样的场合里，市井小民受专业的投资顾问摆布，人云亦云地砸下积蓄，导致最后血本无归。

相较之下，有钱人他们对自己赚的每一分钱的去向都了若指掌。以买车来说，富人跟许多人的购车思维就不一样，富人会评估自己本身的需求和每一辆车带给他的实际效益作为考量，而大部分人就只会以价格做取舍。例如 A 厂商给的优惠比较少，便不考虑，B 厂商给的赠品比较多，于是优先考量，在这种不断被价格控制的状况之下，你的选择权被眼前的小利蒙蔽住了，而这样的瞻前顾后，对你最后的获利也没有什么太大的意义。

股神巴菲特是一位长期投资的爱好者，他最喜欢做的事情就是寻找他认为可靠的股票，以低价买进，再慢慢等待它逐年成长。

但是很多人玩股票之所以很难有大作为的原因，就在于他们总是被眼前短暂的得失影响，因为他们被眼前的股价制约，股价一涨就买，股价一跌就卖，他们不懂得掌握自己的脚步，而是盲从地跟随着股价波动而决定投资方向，最后只能成为金钱游戏下的炮灰。

总之，决定一个人是否能够成功的不是运气，而是靠自己的眼光和选择。追求成功的过程不该只是单纯的前进或后退，而是要眼观四面、乐于选择，这样在致富过程中，你才可以随心所欲地朝着对你最有利的方向驶去。

价值：钱只能决定物品的价格，不能决定人的价值

台湾作家罗兰曾说："用金钱衡量一切的社会，是堕落的社会。"

早期人类都是过着自给自足的采集渔猎生活，并没有所谓的"金钱观念"，如果有多的食物就会跟左邻右舍以物易物，后来因为无法正确判定交换是否公平，最终才发明货币当作交易媒介，也为物品标示出绝对的价格。

物品从相对价值到绝对价格，展现了时代的进步与演化，物品是死的，要定出价格是很容易的事情，但人是活的，万一被贴上了标签，就容易产生错误的观感，导致人身价值遭到毁损。

不要用钱去衡量一个人的"价值"

我曾经遇过这种情形，有一次在百货公司逛街时，看到一位穿着打扮都像普通上班族的女性客人，在高级订制服的专柜上东挑西选，但店员只看了她一眼就继续做自己的事，完全没有想要上前招呼的意思。

这时，客人拿起一件蓝色衣服询问价钱，店员爱理不理地回答："小姐，我们这里卖的衣服都很贵。"对方愣了一下，又再问了一次，于是店员就不耐烦地说出价钱。

后来客人掏钱付账时，店员这才注意到她的皮夹里至少有五六张信用卡，而且都是额度很高的白金卡，不禁脸色青一阵白一阵，急忙换上亲切的口吻告知衣物的洗涤方式，并且欢迎她来日再光临，而对方只是淡淡地说："这是我第一次，也是最后一次来你们的专柜买东西。"

很多人习惯以钱度人，然而这样只会让你容易陷入错误的认知中，最后踢到铁板才让自己痛不欲生。

以钱度人的案例还有仇富和排富。

《穷二代富二代》一书中，主角起初十分厌恶富二代，认为他们占据太多社会资源，直到他受到一位富二代同学的帮助，进入同学的公司工作，这才认识到，并非富二代都像他所想的是什么也不会的"公子哥"。

人本无价，皆是外在环境给予的度量衡逐渐将人数字化，而金钱原本只是一种交易的媒介，现在却成了每个人的分级标准，像是平均每人每月赚不到 XX 元的家庭就是低收入户，收入在 XX 元以上的人就要缴高比例的所得税。钱，似乎说明了每个人在这个社会里，究竟存在多少价值。

事实上，"拥有多少钱"和"是什么样的人"是两样不同的概念。如果你习惯以钱度人，除了有可能损失重要的客户及获利机会，损伤最大的还是经营不易的人脉。因为你永远不知道在以钱度人的同时，究竟是"狗眼看人低"，还是"有眼不识泰山"？

金钱的价值并非取决于能买多少东西，而是在于使用者的价值观

有一位股市名人说过："钱是人创造出来的，但是钱不会创造人。"照理来说，人应该有能力控制钱，但人却反而被钱摆弄到迷失心智，分不清什么是对的，什么是错的。

自从有了金钱之后，全世界就开始进入"数字人生"的时代，如果你只有一百元，就要接受冷冰冰的对待，要是你有一百万，就能享受热乎乎的招待。

"其实，我不重视金钱。对我来说，除了能买东西，它完全无用"，一位知名的英国籍导演这样提到。

平庸的人只看到起起伏伏的数字，优秀的人在意的是价值。

英业达创办人叶国一在企业界提拔过许多人，因此有"小孟尝"之称，也因为相信现任稳懋董事长兼总裁陈进财的为人，连财报都没看一眼就决定投资他的公司。

因为相信一个人的踏实品格以及对金钱的价值观，让叶国一毫不考虑就把钱掏出来投资，就是这种"不因钱废人"的态度，让众多科技业的老板都尊称他为"大哥"，累积了深厚的人脉。

如果除了钱之外，你什么都没有，就算你已经富可敌国，也失去了富人的气度。你对钱的价值观，决定你是否能真正拥有"财富"。

此外，每天一定要抱着钱睡觉的守财奴，或是一毛钱也绝对不外借的铁公鸡，都不是真正拥有财富的人，真正的富人会把金钱用在更好的用途上，不会像守财奴一样一味死守着怀里的钞票。

富人认为金钱是赚钱的最好工具，像是投资或是创业，以钱赚钱才能应付不受控制的通货膨胀，还有晴时多云阵雨的景气。

以投资来说，像基金、股票这种有价证券或者期货都是不错的标的，若是要投资事业，以目标营业额一千万来说，富人绝对不会考虑路边的小吃店，虽然薄利多销，但不知道要卖到什么时候才会达到这个金额，不如投资商务旅馆，不但客源稳定，单次消费金额也高出许多。

如果给普通人一百元，过了一年，户头的钱只会比原来多了利息钱，而富人的一百元过了一年，可能会变成一百万甚至一千万，不知道比原来往上翻了多少倍。

《塔木德》里面提到："赞美富有的人，并不是赞美人，是赞美钱。"很多人的眼睛总是跟着钱跑，向"钱"看齐一直都是处世的指标，但钱只能决定物品的价格，不能决定人的价值。

想要改变自己之前，先要改变自己的思维模式，如果你还是不改以钱度人的穷酸样，无论你再勤劳、再努力，甚至愿意一天工作 24 小时，还是会继续沦为平庸。

人脉："懂什么"固然重要，更重要的是你"认识谁"

"年轻人，要想在巴黎的上流社会活下去，你一定要交一些朋友。现在你没有危险，当有危险的时候，你就知道朋友对你来说意味着什么——救命草"，法国知名写实主义小说《红与黑》里有句话这么说。

如果你以为，只有想要跻身上流社会的人才需要人脉，那就错了，即使位高如郭台铭，只凭他一个人的力量，也无法累积至今日的财富，成为一方富豪。

前王品集团董事长戴胜益曾经说，年轻人如果一个月赚不到三万元，千万不要储蓄，而要把钱拿来拓展人际关系。要是赚的钱不够多，没钱交朋友，就算回家跟父母借钱也不要紧。不过，他附了条件："这个黄金期仅限三年。"

戴胜益此话一出，很多人跳出来挞伐这段话。

其实，无论这番言论是否有争议，但却是他在致富过程中的亲身经历，他用他的富人脑袋告诉你，投资人脉到底有多重要，否则他也不可能在创业过程中找到六十六个人借他一亿六千万元，还找到一票各行各业的强将为他出力，甚至有人还把自己的房子拿去抵押借钱给他。

所以，你不妨扪心自问，如果盘点一下自己的人脉关系，在你的身边，能找得出这根"救命草"吗？

戴胜益这段话背后的含义很简单：一个人想要成功，"懂什么"固然重要，更重要的是你"认识谁"。

要拥抱成功，你除了需要专业，还需要"人脉力"来帮你滚钱，否则想要迈向上流社会，都是空谈。

想拓展人脉，就要活用别人的脑袋

虽然戴胜益说交际的钱不能省，但是每天晚上和同事朋友去吃吃喝喝唱 KTV，不叫作拓展人脉。

　　培养人脉虽然是人人都知道的道理，但你该知道的是，如何用精英的方式来创造人脉，许多精英创造人脉的方法就是，创立一个平台来"吸引"人脉。

　　我的一个朋友还是上班族时，有天参加大学同学聚会，同学们随口说要筹组校友会，没想到他把这句玩笑话当真，并且自告奋勇当召集人。在筹组的过程中，虽然手续繁琐，联系事情众多，但他仍旧尽力完成。

　　校友会成立后，为了持续维持良好的运作，他每个月都绞尽脑汁设定不同的主题，邀请成员来参加，由于他设想的主题丰富有趣，出席率始终维持七成以上，而且口碑良好，所以加入此平台的校友越来越多，而这些在各行各业多有成就的校友们，在他的努力经营下，全都成为他的人脉。

　　当校友会成员聚会时，他自己从交谈的过程中学习到许多专业知识，用别人的知识长自己的见识。而且，他也从中了解哪些人脉未来不仅可以成为自己的救命草，还能成为帮他滚人脉的"秘密武器"，因为每当朋友有困难拜托他帮忙时，他马上知道去哪里可以找到"救命草"来协助他。

比如说，他一位开公司的朋友遇到报关的问题，他马上从校友会成员中找出一位专家，协助朋友解决报关问题。就这样，他以校友会为中心，不断累积强化人脉的能量，用校友会这桶人脉养出另一桶人脉，而这些人脉流，在他自行创业后，全都成了源源不断的丰沛"金脉"。

虽然成立人脉平台费时费力且花销颇大，但不见得每个市井上班族都有这个机会。不过换个方向想想，为什么许多大老板都要去打高尔夫？

有个高科技业的大老板曾表示，很多生意的确都是在球场上谈成的。这点确实不可否认，想要生意，想要订单，可是不会打高尔夫球，那么很抱歉，你已经在这场竞赛中提前出局。

身为上班族，不是每个人都打得起高尔夫，但你一样可以从参加其他社团来拓展人脉，下班后的"学习"，才是你经营人际关系的开始。

下班后的人际关系，才是投资自己的开始

比如说，保德信的许多寿险顾问，固定都在下班之后

参加读书会，从读书会中吸收新知识。还有上班族在下班后，参加许多美学课程，提升品味是其一，提升人脉的层次更是其二。

中国人寿一位25岁就当上区经理的寿险业务员，即使客户都只是年缴6万至12万的上班族，但他依旧能做到年薪平均300万的成绩，而他业绩突飞猛进的关键，就是下班后的品酒课所致。当初只是单纯为了丰富生活层次而参加品酒课，没想到却在课程中认识过去从未遇到的客群，包括许多行业的"总"字辈主管，以前"高攀不起"的客户，在品酒课全部成了"同学"。

因为没有利益冲突，大家反而放下戒心，有些人甚至主动开口向他买保险，时间久了，"同学们"还主动介绍客户，为他拓展社交圈，有时候往往几杯红酒下肚，就算不谈生意，订单也自动上门。他从没想过下班后的品酒课，竟然才是订单成交的开始。

就算你不是业务员，把钱用来投资自己，下班后的"学习"一样重要，因为根据统计，有六成的工作，主要来自人脉的介绍，人脉是让你迈向高层领域的跳板。

我一位读会计系的朋友，想要进四大会计师事务所而苦于没有机会。

有一年，他在下班后去补习班加强英文能力，而班上正好有位同学是某四大会计师事务所的人资部长，对方在课堂上看到他的进取，熟知他的为人，便主动邀他投简历，成为他顺利进入这间事务所的关键人脉，又因为进入该事务所，他逐渐有了接触金字塔顶端客户的机会，经过多年的努力，现在已经成为年收千万的会计师。

现在，请盘点你的人脉簿，找出你有几根"救命草"，如果没有，就从现在起，从五个不同的领域，分别建立五个朋友成为你的救命草，这些人，不但足以成为你的人生智囊团，更能够为你开拓社交圈，从而建立一个丰沛的"人脉库"。

有个研究说，你至多只要透过六个人，就能结识世界上的任何一个人，包括该行业的顶级人物。曾经红极一时的"女艺人"许纯美的名言是："要当上流社会人士，第一就是要有钱。"不过在你还没有钱之前，请把它改成："想要当上流社会人士，第一就是拥有上流社会的脑袋与人脉。"

经营：你也可以从月入三千到年薪百万

切记，钱这种东西，就是集体心理游戏的产物。所谓的钱，也就是被大家共同认定有一定价值的钞票，它的价值是不断变动的。

许多朋友告诉我，他们没有祖产或大笔资金，根本没有办法和财团玩金钱游戏。老实说，这些说法都是借口，商品社会的世界里，筹码只是钱滚钱的要素之一，最重要的，还是要有洞悉众人心理的交易策略。只要你能搞懂大众的心理需求，只要你有台币三千多元，你就可以打造一个聚宝盆，不用上班，不用付出长时间的劳动，透过交易策略和心理战，这个聚宝盆就可以自动为你赚钱，增加财富。

如何做呢？

首先，你只要拿台币三千多元。然后，在笔记本里记录每天美元兑台币的汇率，如此每天记下来，差不多记了一百天左右，你就可以抓出这一百天的汇率最高和最低。接着，你只要在汇率来到美元的最低点，用台币三千多元去买一百元美金。然后，只要等着美元升值到最高点，你就可以发现，你外币账户中的美元汇兑成台币后，你的台币会多出几十元的汇差所得，这些所得，就是聚宝盆透过汇差和时间，帮你滋生的财富。

同样的道理，当你有更多筹码后，你可以把聚宝盆里的台币，加码到三万多元，甚至三十几万元，如此你就可以在一百天，或是三百天内，赚到更多的汇差。老实说，许多金融家、银行和财团都是靠这种方式，来打造大大小小不同货币和原物料期货的聚宝盆。此外，几乎所有上市公司，不管是进口导向或专做出口赚外汇的企业，在付款或收货时，也都是用这个策略，来额外赚进几亿的汇差。

不瞒大家，我自己在资金不是很多的上班族时期，都会用三百天周期来打造一个聚宝盆，每年赚点零用金来补贴自己，当作给自己的压岁钱。只是后来，我运用的金融工具和策略，投报率比这种汇差聚宝盆来得高，甚至高出数倍，我就不再用这个套汇差策略。

但是，如果你不是专业金融人士，或是没有富爸爸从你三岁开始，就请专家教你如何运用金融工具，来撒豆成兵或乾坤挪移，那么，你不妨按我的方法，去打造一个小小汇差聚宝盆。

我相信，即使你在这个商品社会里摸爬打滚了十几年，也不见得知道真有聚宝盆可以主动帮你增加财富的这种天方夜谭。

然而，这也不怪你，因为有钱人几乎从小就很懂这种交易策略，而且他们玩的聚宝盆种类，多达几百种，其中很多复杂度和专业度，是一般金融人士或财经科系学生也搞不懂的。

但是，就是这种资讯认知及专业能力上的不对称，有钱人才能每天打球或喝下午茶，光是一天的资本利得，就等于上班族好几个月的薪水。

或许你会问，为什么不同货币间的汇率，会不停地变化波动，而且还有高低点可预测？

我的答案仍然是那一句话：钱这种东西，就是集体心理游戏的产物。

因为，随着不同时间或不同经济走势造成不同族群和市场的需求，不同货币也会随着人的贪婪和恐惧产生汇率的波动。

因此，有钱人大部分的时间和心力，都是花在这些学问和市场资讯里，久而久之，他们对各种货币汇率和原物料，或者全世界各大股债市场的细微变化和走向，都很敏感。

然而，有些人从小没有机会接触聚宝盆课程，即使天天都看到各种市场交易资讯或政经新闻，也看不见其中的含金量。

或许你从小就生活在一个物质匮乏的家庭里，不管你多么努力和辛苦，你仍然生活得很平庸。

或许你因此觉得气馁或愤恨，或许你很讨厌有钱人总是做出几个判断或决策、打几通电话或按几下鼠标，就能获得超过你几个月薪水的财富。

但是，你绝对想不到，有钱人当下的几秒钟决策或下单交易，背后有着不为人知的苦读和练功，有着你想不到的风险，和无数次的失败和亏损。

所以说，你的平庸，实在没有必要怪到他们身上，他们只是有着和你不同的习性与求生技能。

所幸，商品社会是公平的，我以前也是什么都不懂的职场新人，通过上课学习、闭关苦练，经历过挫败和亏损，才开始改变看钱和赚钱的习性，后来才成功脱贫。我不敢说自己是个有钱人，但至少生活品质改善很多，也不再靠劳力来养活自己和家人。

同样的道理，你也可以当下做出改变，通过大大小小的改变，进而改造你的习气，升级你的脑袋，开始运用资本市场来改变自己的命运。

当然了，如果你不缺钱，如果你厌恶商品社会，那么就别再看下去了。

如果你真的想改变，不妨就把我说的三千元聚宝盆拿去练功，把它当成你进入富人世界的门票吧！

做自己：贫穷或是富有，往往就只在一念之间

电影《当幸福来敲门》，是由真实故事改编的，内容描述葛德纳财富管理公司执行长——克里斯·葛德纳白手起家的故事。

想要白手起家，需要怎样的条件？

片中的克里斯·葛德纳，凭借的是坚定的目标、锲而不舍的拼劲、务实的执行力，还有一辆法拉利。

影片的一开始，他只是一个交不出房租、税金、小孩学费的父亲，他每天为了赚钱绞尽脑汁，却始终无能为力，而一切转折都从他在路上看到的一辆法拉利开始。

　　在一个为了赚钱而奔波的早晨，他看见眼前迎面驶来的一辆红色法拉利，走向前向法拉利的主人说："先生，很抱歉，但我只想问你两个问题，就是你是做什么的？还有，你是怎么做的？"

　　法拉利的主人是一位股票经纪人，他向主角说："做这行不必得要上大学，只要你精通数字，懂得待人处世。"事后主角看着街上的人群，说了一句话："我还记得那一刻，他们脸上看起来都超级幸福的样子。"

　　当主角看着法拉利主人脸上的微笑，看着街上每一个幸福的笑容，让他起了一个从不曾有过的念头，就是也许他也有能力，让这样的笑容也在他儿子的脸上出现。

　　看见这辆法拉利之后的克里斯·葛德纳，彻底地改变了过去的思维方式，他知道自己有成为富人的机会，只要他找对方法，并且不断努力。

　　这台法拉利，成为他致富的最大关键。

每天沉浸在平庸的氛围里，你只会逐渐习惯平庸

电影中，克里斯·葛德纳的老婆，和他形成了强烈的对比，显现出一个人之所以会成功，跟为什么会持续流连平庸、无法脱身的关键原因。遇见法拉利后的克里斯·葛德纳，想起他从小就精于数字，于是动了想要到证券公司上班的念头，但是他也知道，他老婆绝对第一个举手反对。

果不其然，当他表明自己想要去证券行，看看有没有机会当股票经纪人的时候，他老婆以轻蔑的语气说："只是想当股票经纪人而已吗？我还以为你更想当机长呢！"

在这句调侃话的背后，她想表达的是一个务实的想法："没钱，好好勤奋工作就对了，不要做一些好高骛远的梦想，先把下一餐的饭钱筹出来再说。"在这样的想法下，她已经连续四个月都做双份工作，忙到没有时间接小孩放学，所以她痛恨老公这种不切实际的做法，也认为她老公不应该另辟蹊径，去妄想一份难以获得的工作，而应该把时间全花在推销医疗仪器上。

"只求把积欠的房租跟税金缴完"，就是她最大的梦想。

但是她发现，在她这样夜以继日勤奋加班的努力之下，

家中情况并没有因此得到好转，而一直都在逃避现实的人，其实是她自己。

　　她很务实，可是，当你还了上个月积欠的房租，你还有这个月的，这种思考模式，只是让你无止尽地被负债跟平庸追着跑，并且陷入无限轮回。然而，当克里斯·葛德纳的老婆希望他不要不切实际地浪费时间到证券行，并且希望他做些可以改善家里经济的事情时，他回了一句话："That was what I am trying to do.（这是我想要做的）"

　　其实，他们两个人的最终目标都是改变现在贫穷的生活，但是他老婆不断沉溺在自己只是个平凡人的情境之下，对未来不敢有所期待，所以只能永远当个洗衣工，或是像结局那样，借着离开来逃避现实；而主角则是对未来有盼望，并且相信自己有能力完成，接着付诸行动。

　　那台法拉利从出现在他面前的那一刻，便一直留在他心中，成为他不断向前的最大动力，也推翻了他原本坚持的务实的思维。

　　影片的开始，我们可以看到男主角搬着一台沉重的仪器，穿梭每一家医院，不断地想说服医院买下他的仪器，其实他自己也知道，这台机器的功能没比传统的好上多少，价格却足足贵上一倍，根本没有人会想买，但是为了积欠的房租、小孩的学费，他也只好硬着头皮继续扛着机器，寻找微乎其微的成交机会。

他很努力，但也只像是把双眼蒙起来胡乱冲刺一样，没有方向，也没有目标，把自己搞得再累，欠人家的钱还是一样筹不出来，只能看着负债数字越积越多。在见到那台法拉利后，他决定改变现在的赚钱模式，他一边卖仪器，一边找寻到证券行上班的机会。

虽然他发现成为股票经纪人是一个渺小的可能，因为证券行每半年只会招募 20 个人，而在这 20 人当中，也只会有一个幸运儿可以雀屏中选，但他为了心里的目标，还是决定放胆一试，因为他相信自己，而且渴望成功。

在这个过程中，他被逐出公寓，连老婆也跑了，后来因为欠税，连汽车旅馆都待不下去。幸运一点时可以抢到教堂的住宿名额，要不然就只能露宿街头，洗澡也只能在车站的洗手台解决。

而这样悲惨的生活，非但没有击垮他，反而让他更坚定想让儿子幸福的决心，让他赚钱的渴望更加强烈。

找到你心中的那台法拉利

法拉利在克里斯·葛德纳的心中燃起的希望，不但增强了他想要成功的欲望，还颠覆了他原本被现实所打压的惯常思维。最后他终于成功当上股票经纪人，后来还自己创业，成立葛德纳财富管理公司。

人人都想要成为富豪，但是你可曾想过，到底是为了什么而使你有这样的渴望，难道是想要买一个名牌包？或是可以整天吃喝玩乐不必工作？其实，那台法拉利也不过只是将克里斯·葛德纳原本隐藏在心中对财富的渴望唤醒，然后让他转变思维，用富人积极、有规划的态度去行事而已。

或许你自己从未想过你在追求的到底是什么，这样的盲目，让你即使知道自己渴望财富，却仍然在用惯常的思维做事，没办法和成功扯上一点边。

找到你心中的那台法拉利，平庸或是卓越，其实往往就只在一念之间。

小贴士

EPS（每股盈余）

每股盈余（Earnings Per Share）是衡量每一股能够带来多少净利润的指标，通常以元来表示。EPS 越高，代表净利润越多，也意味着能分给股东较多的股利，公式为：

EPS ＝（年度盈余－特别股股利）÷ 流通在外股数

EPS 又可分为过去每股盈余（Trailing EPS）以及预估每股盈余（Forecasting EPS），若要将 EPS 当作股票是否适合买进的指标，你必须留意用的是过去的 EPS 还是预估的 EPS。

因为股价大多反映未来，过去的数值只可作为参考，若是盲目地将历史数值作为依据，极有可能会误判情势，伤及自己的荷包。

另外，最常与 EPS 一起用来评估股票价值的工具还有本益比（Price-Earnings Ratio），以倍数表示，也是非常实用的财务工具。

节制：野心决定高度，节制保证底线

　　江湖起伏几十年，我看过太多有钱人破产，也看过太多人为了钱流下男儿泪或在众人前下跪。

　　老实说，我自己就经历过好几次的人生起伏。

　　因为，我亲身感受到，钱确实可以逼死人的可怕，那种恐惧，绝不是用头脑就能想象或是嘴巴就可以说出来的。

　　曾经，当我的事业陷入危机，发不出薪水给员工时，总会有几个干部或老员工，无情地在同事面前，扬言要去劳工局举发公司，或者要告上法院，不然就要找黑道来处理，完全不念及过去我对他们的包容和照顾。例如，某个女属下结婚生子，我不但送上礼金，还买了儿童用品送过去，另一男性干部因家中父亲要常上医院而不时请假，我也尽量配合给假。

然而，这二人在耳闻薪水要迟发时，立刻变了嘴脸，把我当成杀父仇人一样，恐吓我一毛钱都不能少给他们。

当时我身边的朋友和股东，听到他们的反应，气得破口大骂。

但我告诉朋友和股东，不要去怪罪他们，他们不偷不抢，就算再怎么不顾人情，也只是要争取原本就该得的权益，我相信他们会如此反应激烈，必然背后有不为人知的创伤和苦楚。

再者，我们开公司请人来做事，本来就应该付人家钱，毕竟，他们不是来这里当义工，是来赚钱的。

后来，我到处借钱，甚至卖掉车子，把积欠的薪水都发出去，没多久，公司就倒闭。

几年后，我东山再起，就更特别小心财务的管理，不论淡季旺季，随时把员工的福利金和准备金先存起来。因为，我也曾是穷到每个月底，就勒紧裤带等着薪水吃饭的上班族，我知道那种财务紧迫的滋味，所以，我会尽可能不让公司再有迟发薪水的情况发生。

很多人都说，像我这样曾经苦过，也是从基层做起来的老板，比较能守住财富，不会挥金如土，把公司搞垮。

这话乍听很有道理，但是，我必须说，我几十年所见所闻的过程中，有不少白手起家的老板，一旦成功后，也会因为某个东西，而瞬间变得一无所有。

那个东西，就是商品社会世界里，让人很难脱贫翻身，或让富人很难守住财富的"心魔"。

白手起家的人很多，他们都很聪明，也都够努力，也很懂得掌握时机。

然而，当他们赚了大钱后，不少人却都因为内心还没整理好的"穷人习性"，而又盲目投资或不顾风险地把事业当赌注，加码扩厂开店或在陌生领域新创事业。

例如，在高峰时身价达 40 亿的天喜旅行社老板，却因为一次房地产投资失利，不但赔掉所有身家，还倒欠银行十几亿元。后来，他沦为菜市场卖麻油鸡的小贩。

他是从基层做上来的老板，也很了解员工的辛苦和处境，但是，当他被贪婪和过度自信遮眼时，他不会去想到员工的想法和需求。

老实说，我觉得要白手起家赚钱，真的不难，难的是你有了钱之后，你的心是否仍能保持理智和清明，仍可以客观地把事情看得很透彻，甚至看到自己已经失控，已经失去自我。

很多人辛辛苦苦存了一笔钱，小心翼翼地拿出来投资或创业时，也是因为内心太多"心魔"，也就是"穷人习性"没有根除，结果不但做了错误决策，而且还没有替自己留后路，一次就把自己打到十八层地狱，永世不得翻身。

同样的道理，在资本市场这个本质上和赌场差不多的侏罗纪丛林中，里面的商品，动不动就是十几倍的杠杆，尽管你有几十亿身家，甚至有上百亿资产，只要心魔一启动，再多的钞票，也可以一夜之间消失无踪。

因此，在这个金钱游戏主导一切，这个用钱吃人的世界，要成为富人，要拥有财务自由和幸福，光是有赚钱本事和聪明脑袋，是不够的。

因为，那个躲在金钱游戏的背后，真正的主宰是"心理游戏"，是看透一切陷阱、洞察人心的"富人思维"和"习性"。

如果你一个月只有 3 万元薪水，银行存款也只有十几万元，也许无法想象，到底 40 亿元是多少钱。

然而，这个堆起来可能是一座小山的 40 亿元，竟然可以在一夕间化为乌有，你就应该可以了解，"习性"这个东西的威力有多么强大。

附录

狄骧
语录

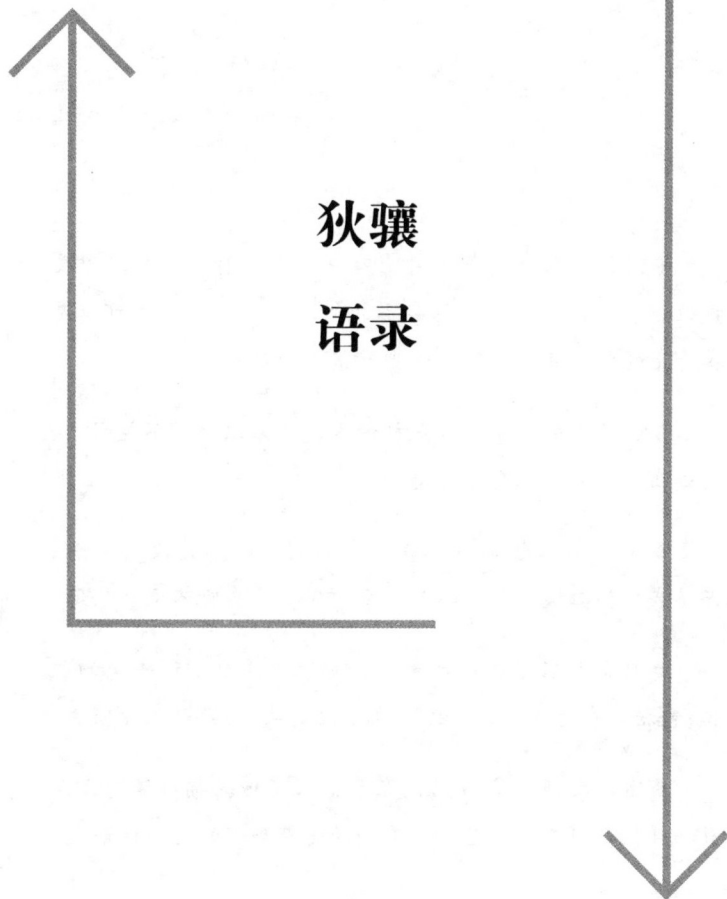

狄骧语录：

◆或许你跟我一样，身上有一万八千种不良的思维要被改造，然而，只要有悟性和决心，终有一天，你可以洗掉身上的穷酸气，脱胎换骨拥有富人的习气。

◆会忽略风险而陷入危机的人，80% 以上都不是新手，而是商场或商品社会中的老手。

◆风险本来就无所不在，它的到来也不是没有声音，而是我们的心被贪婪和不甘心蒙住了，才会听不见看不到。

◆每个人当下的生活条件，都取决于自己过去做的抉择；包括现在为何领"22K"，都和你过去 20 年的人生有关。

◆富人之所以会成功，在于富人不但敢拥有梦想，而且摊开他们对未来的蓝图，看到的是有条理的时间计划表；

而大部分人之所以一辈子无法翻身，是因为别说要有计划表了，他们甚至连梦想都不敢拥有。

◆有些人无法摆脱自己的处境，就是因为只能看见账面上的损失，而富人之所以能终日与钱为伍，原因就在于他能看穿背后的效益所在。

◆只要从失败中找出可改善之处，失败就是有价值的；投资也是一样，学着不亏钱，就是走上致富之路的开始。

◆当你安于当一名受雇者，就等于接受自己只是颗小齿轮，完全得照定义好的轨迹运转。

◆经常熬夜是在消磨你的竞争力，不仅毫无产能可言，当你有一天跟不上时代的脚步时，新一代的"穷忙族"终将取代你。

◆很多人口口声声的认命，其实只是不愿面对现实的虚伪口号。命运并没有你想象的这么神秘，它其实能掌握也可改变，前提是你必须愿意消除那个让你吓到脚筋发软而无法前进的惯常思维，并打从心底相信自己拥有扭转命运的能力。

◆储蓄是一个人的本性，敢于逆这个本性，才有脱贫致富的可能。

◆在同一个起跑点上，如果你没有办法在每一个转弯处掌控你的人生方向，而是不断地受金钱控制而做出每一项抉择，那你的人生就注定被金钱困住，没办法有所作为。

◆其实失业不过就是离开一个不适合自己的地方，如果你硬是待在一个不适合自己的地方，这才是真正的失败。

◆想脱离平庸世袭的命运，就要试着融入这个以富人为轴心旋转的世界，并且以他们的方式思考，厘清从"平庸"到"卓越"的距离，找出造成你平庸的原因。

◆富人会将失败当作检视自己一举一动的明镜，他们认为犯错并不可耻，只是一种让潜在问题更快浮出台面的方式，若能借此累积经验值，便是"顺利诚可贵，犯错价更高"的最好证明。

◆假使遇到自己买不起的东西，富人想的是："我需要增加多少收入，才配得到它？"因此，从来只有对方不愿意卖，而没有富人买不到手的东西。

◆很多人害怕投资风险，所以不敢贸然投资，不愿承担失败，但是在金钱环境的剧变之下，你拥有的现金，远远比房地产、基金、股票、人脉等财富来得没有价值。

◆卓越的人懂得将眼光拉远，才能看见负债背后的无限可能。平庸的人看不见未来，只好死守今天的现状。

◆如果命运都是天注定，为何有人有机会白手起家变精英，而有人也会流落街头成为一个落魄行人？

◆说爱钱不道德的"卫道人士"，他们的动机多半出于嫉妒和盗名的矫情，而不是其口中的"道德"。

◆"拥有多少钱"和"是什么样的人"是两样不同的概念。如果你习惯以钱度人，除了有可能损失重要的客户及获利机会，损伤最大的还是经营不易的人脉。因为你永远不知道在以钱度人的同时，究竟是"狗眼看人低"，还是"有眼不识泰山"？

◆如果你想通过投资成为富人，就要练就一个习性和功夫，那就是，让后悔停在嘴巴即可，不要往心里去。

◆商品社会的世界，就是一座大猎场。如果你没有富爸爸，让你一生下来就是猎人，那么，你就是准备被人宰杀的猎物。我们都没有选择，都身在这座猎场中，就算你不想成为富人，也要懂得避开猎人的陷阱。

◆成不成功是结果论，只要最后的结果是好的，没有人会在乎你在成功的道路上究竟跌倒过多少次。

图书在版编目（CIP）数据

低配的人生也可以高贵地活 / 狄骧著 . -- 长沙：湖南人民出版社 , 2018.1

ISBN 978-7-5561-1843-4

Ⅰ . ①低… Ⅱ . ①狄… Ⅲ . ①人生哲学 — 通俗读物 Ⅳ . ① B821

中国版本图书馆 CIP 数据核字 (2017) 第 291589 号

出　　品：阅享
责任编辑：姚晶晶
监　　制：杨沐涵　黄博文
产品经理：李晨昊
封面设计：PAGE. 11
　　　　　Q 2635252118

DIPEI DE RENSHENG YE KEYI GAOGUI DE HUO
低 配 的 人 生 也 可 以 高 贵 地 活
狄骧　著

出版发行：湖南人民出版社
网　　址：www.hnppp.com
地　　址：长沙市营盘路东路 3 号
邮　　编：410005
印　　刷：北京盛通印刷股份有限公司
经　　销：湖南省新华书店
开　　本：880 毫米 × 1230 毫米　1/32
版　　次：2018 年 1 月第 1 版　2018 年 1 月第 1 次印刷
字　　数：166 千字
印　　张：8
书　　号：ISBN 978-7-5561-1843-4
定　　价：42.00 元